小流域山洪灾害风险预警
方法与应用

杨雨亭　杨大文　韩俊太　王政荣　缪清华　著

科学出版社

北　京

内 容 简 介

本书以山洪灾害调查与分析实践为基础，系统阐述了变化环境下的山洪演变规律，梳理了国内外山洪灾害风险预警预究进展，发展了山洪灾害预报及风险预警技术，包括山区降水空间插值、预报降雨降尺度、中小流域洪水预报、山洪风险的识别量化、山洪风险预警指标计算等方面，并在此基础上开展了全国山区小流域山洪预警研究，为完善全国小流域山洪灾害防御体系提供重要参考依据。同时，本书探究了山洪灾害风险预报预警的组分不确定性及其传递规律，最终发展了耦合不确定性的山洪灾害风险预报预警方法，为山洪灾害的科学防治提供技术支撑。

本书可作为从事山洪灾害防治相关工作的科研人员和工程技术人员的参考书，供水利工程、防洪减灾、水文预报的研究人员和业务从业者阅读。

审图号：GS 京（2023）0024 号

图书在版编目（CIP）数据

小流域山洪灾害风险预警方法与应用／杨雨亭等著 . —北京：科学出版社，2023.3
ISBN 978-7-03-074790-7

Ⅰ.①小… Ⅱ.①杨… Ⅲ.①小流域–山洪–预警系统 Ⅳ.①P426.616

中国国家版本馆 CIP 数据核字（2023）第 022101 号

责任编辑：刘 超／责任校对：王晓茜
责任印制：吴兆东／封面设计：无极书装

科 学 出 版 社 出版
北京东黄城根北街 16 号
邮政编码：100717
http://www.sciencep.com
北京建宏印刷有限公司 印刷
科学出版社发行 各地新华书店经销
*
2023 年 3 月第 一 版 开本：720×1000 1/16
2023 年 3 月第一次印刷 印张：9 1/4
字数：300 000
定价：120.00 元
（如有印装质量问题，我社负责调换）

前　言

　　山区中小流域的洪水灾害是我国当前受灾面积广、致死率高的自然灾害之一。一方面，我国中小河流众多，分布范围广，地理气候条件复杂多样，而山地丘陵地带通常站点布设有限，长序列水文气象观测资料稀缺。另一方面，小流域产汇流具有明显非线性特征，洪水过程通常历时短且强度大，因此小流域山洪预报预警成为洪水防治研究的难点。为有效抵御山洪灾害，国务院于 2006 年正式批复《全国山洪灾害防治规划》，启动山洪灾害防治试点建设，并于 2009 年将全国 103 个县级行政区纳入试点范围。2012 年水利部组织编制《全国山洪灾害防治项目实施方案（2013—2015 年)》，进一步完善了山洪灾害防治的非工程措施。尽管山洪灾害防治逐渐成为我国防灾减灾工作的重心，但小流域山洪预报技术和管理系统仍然是一个薄弱环节。在全球气候变暖和我国推进城镇化的背景下，未来洪水灾害可能会造成更大损失，因此亟待发展更有效的中小流域洪水预报预警方法。

　　近几年来，清华大学全球水循环模拟与预报团队在国家重点研发计划项目（2019YFC1510604）的支持下，对这一问题进行了较为系统的研究。本书从复杂地形下的面雨量获取、预报降水产品的空间降尺度、山洪风险等级识别与量化、基于动态临界雨量的山洪多阶段分级预警和山洪灾害预报预警的不确定性等方面展开研究工作，为中小流域洪水提供了耦合不确定性的不同预见期的分级预报预警方法。相关研究成果以论文的形式在水力发电学报、人民长江、*Water Resources Research*、*Hydrology and Earth System Sciences*、*Journal of Geophysical Research：Biogeosciences*、*Journal of Hydrology* 等国内外学术期刊发表了 20 余篇。在上述研究成果的基础上，经过系统的梳理和整理，作者撰写了本书。

　　资料收集及研究工作得到了水利部减灾中心工程技术研究部副主任刘荣华、中国水利水电科学研究院张晓蕾博士的支持与帮助。本书的校稿工作得到了博士生涂卓依、罗予嫣、侯颖、张大猛、阮方正、黄一龚等的支持，在此向他们表示衷心的感谢！

　　书中的不妥之处，敬请各位同行批评指正。

杨雨亭

2022 年 9 月

目　　录

第1章 | 绪 论

1.1 我国山洪灾害现状及防治进展

1.1.1 我国山洪灾害现状

我国中东部地区大部分属于东亚季风性气候区，年内降雨十分不均匀，降雨大多集中于4~9月份，夏季降雨受季风活动影响明显，雨量充沛，暴雨多发，这种气候条件使得我国成为世界上受洪水影响最大的国家之一。另一方面，我国的地形地貌条件复杂，在我国辽阔的土地中，大约有三分之二的土地面积为山区，山地、丘陵、高原等地形广布；此外，我国山区人口众多，约占全国人口三分之一，且山区居民居住地多为沿河地带，这加剧了山区中小流域洪水灾害对我国经济财产和人民群众生命安全的威胁（陈国阶，2006）。

中国长期遭受洪水的威胁。随着社会经济的发展，人民对防洪的要求不断提高。中华人民共和国成立以来我国对主要河流展开了大规模的洪水防治建设工作，包括工程与非工程措施。工程措施方面，截至2012年，我国共建成水库98 002座，总库容达9323.12亿 m^3。另有总长度413 679km的堤防，424 451座泵站，总容积达303亿 m^3 的塘坝，总容积达2.5亿 m^3 的窖池等。非工程措施方面，我国形成了系统的水文监测体系，包括雨量、水文站等共计113 245处[①]，并在七大流域相继建立了近1000套水文预报方案（刘志雨，2009）。经过长期的洪水治理，我国的总体防洪水平有了极大提高。图1-1显示了中华人民共和国成立以来我国历年死于洪涝灾害的人口数。1950~1989年，我国每年死于洪涝灾害的总人口达5500人左右；这一数字逐年下降，1990~1998年平均每年死亡4200人左右；在经过1998年的长江、松花江、嫩江等大洪水后，我国进一步加强了对防洪的投入力度，1999~2004年，每年平均死于洪涝灾害人口下降至1683人；2011~2019年，该数字已经降低到800人左右。

[①] 数据源自中华人民共和国水利部和中华人民共和国国家统计局。

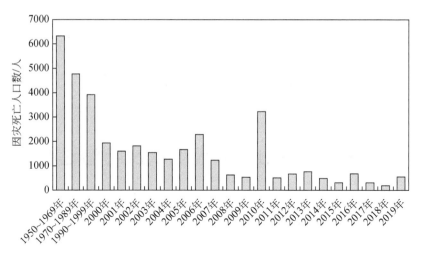

图 1-1　我国历年死于洪涝灾害的人口数

资料来源：国家防汛抗旱指挥中心和中华人民共和国水利部。

　　然而，长久以来我国的防洪减灾工作主要侧重于大江大河，对中小河流洪水尤其是山区洪水的关注较少。实际上，我国拥有众多分布广泛的中小河流，流域面积 50 平方公里以上河流有 45 203 条，流域面积 100km² 以上河流有 22 909 条，流域面积 1000km² 以上河流有 2221 条①。由于缺乏合理的治理规划，这些中小河流的防洪标准一般不高。在 2006 年开展的全国山洪灾害防治规划项目中，共调查到发生洪水灾害的山洪沟数目超过 18 901 条；山洪灾害防治区域涉及全国 29 个省（直辖市、自治区），总面积达 463 万 km²，占全国土地面积的 48%。

　　近年来，我国逐步展开了一系列中小河流洪水及山洪防治工作，例如 2002 年开始的《全国山洪防治灾害规划》、2011 年开始的全国中小河流水文监测系统建设项目、2013 年开始的全国山洪灾害防治项目等，并取得了一定进展。但针对山洪灾害以及中小河流洪水的预报预警技术尚处于初步阶段，我国山洪灾害的防治建设工作依然任重而道远。我国山区中小流域通常缺乏长期的降雨和径流等观测资料，站网密度低，且观测站容易在山洪中遭受破坏；此外，以流量观测或模型模拟为主要预报手段的传统预报方法，其时空尺度与中小河流洪水预报不匹配。因而山洪的预报预警能力仍然十分有限。

　　另外，山洪自身具有以下特点：①突发性强。山洪通常由短历时、高强度降雨所造成的，大多为局地的对流系统，加之山区中小流域面积小、流域坡度通常

----

　　①　资料源自《全国山洪灾害防治规划简要报告》。

较大，产汇流迅速，从强降雨到出现洪峰仅需数小时甚至更少，因而预见期较短，留给灾民的响应时间不足（詹晓安，2006）。②破坏性强。山洪往往伴随着其他次生灾害，如山体滑坡和泥石流，可能造成桥梁倒塌、建筑物受损、对人造成心理伤害甚至造成死亡。③季节性明显。山洪一般重复发生于数个月的汛期中。④分布广泛但区域性明显。山洪分布虽然广泛但其多发区域的地形地貌具有明显特点，例如西南高原山地丘陵、秦巴山地以及江南、华南、东南沿海的山地丘陵区是我国遭受山洪灾害最为严重的地区①。

由于上述原因，在我国，山洪每年会造成巨大的人员伤亡和财产损失。历年死于中小河流洪水事件中的人口数如图 1-2 所示。1950～1990 年，每年死于山洪灾害的平均人数高达 3707 人，占据了洪涝灾害造成死亡总人数的 67%；1991～1998 年，年均死亡人数下降至 2800 人，同样占总死亡人口的 67%；1999～2004 年年均死亡人数大幅下降至 1250 人，但占比上升至 74%；2011～2019 年以来死于山洪灾害的人数逐渐降低，平均为 646 人，占比上升至 79%。可见，随着科技发展，山洪造成的死亡人数总体上有所降低，但占总死亡人数的比例居高不下，甚至有潜在上升的趋势；同时在极端气候事件发生时，山洪灾害导致的死亡人口可能会急剧上升，例如 2010 年的死亡人口突增至 2824 人。

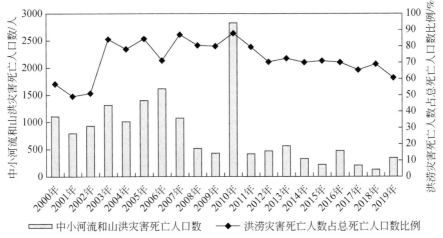

图 1-2　我国历年死于中小河流洪水及山洪的人口数及其占
洪涝灾害总死亡人口的比例

资料来源：全国防汛抗旱指挥中心、中华人民共和国水利部。

---

① 资料源自《全国山洪灾害防治规划简要报告》。

随着经济社会发展，土地利用也在急剧变化，城市化面积不断增加，城镇中不透水的道路等区域面积增加，森林湖泊面积的减小，导致山洪灾害发生的频率增加，中小河流洪水所造成的人员伤亡和财产损失急剧增加。此外，在地球变暖和水文循环加剧的大背景下，极端气候事件的频率有可能增加，山洪发生的频率可能进一步升高（Huntington，2006）。

1.1.2 我国山洪灾害防治进展

进入 21 世纪以来，随着中小河流洪水灾害造成人员死亡比例的不断攀升，中小河流的洪水灾害防治工作越来越多地得到社会各界的重视，我国逐步加强了中小河流洪水及山洪灾害防治建设工作。

2006 年国务院批复了《全国山洪灾害防治规划》，对 29 个省（直辖市、自治区）的 1836 个县级行政区展开工作，此次防治工作以监测、通信、预报、预警等非工程措施为主，与工程措施相结合（邱瑞田等，2012）。非工程措施的主要实施步骤包括山洪灾害现场调查，进而确定灾害危险区；确定雨量、流量和水位的预警指标，并加强雨情水情监测并集合为监测预警平台；配备一定的设施以在灾害到来时能够及时进行预警；建立群策群防体系，加强宣传，明确责任。依据灾害类型和成灾要素相关分析法、主导标志分析法及基于 GIS 的数字制图等方法，我国根据山洪灾害分布差异、降雨分布差异、社会经济人口差异、以及灾害防治对策差异等特征，将山洪防治规划区划分为一级重点防治区、二级重点防治区和三级一般防治区，全国共划分 96.93 万 km² 山洪灾害重点防治区，占防治区总面积的 20.94%，其中一级重点防治区、二级重点防治区及三级一般防治区分别占 8.72%、12.22% 和 79.06%（张平仓等，2006）。2005 年国家防汛抗旱总指挥部办公室首次选取 12 个受山洪威胁严重的县域初步展开试点工作；2009 年水利部和财政部等在全国 103 个县展开了试点工作（沈盛彧等，2014）。2011 年国务院又通过了《全国中小河流治理和病险水库除险加固、山洪地质灾害防御和综合治理总体规划》，山洪防治工作在试点基础上逐步推广至全国 30 省 2058 个县，涉及山丘区 157 万个村庄，面积超过 487 万 km²。此次项目除山洪灾害调查及完善非工程措施外，着重加强了对重点山洪沟的治理。2010～2016 年，项目实际安排非工程措施投资达 231.5 亿元，重点山洪沟投资达 47.8 亿元，并建立了 1 个国家级机构，7 个流域机构，30 个省级、305 个地市级山洪灾害监测预警信息管理系统①。通过大规模的灾害防治建设工作，中小河流雨水情站网密度大大加

---

① 资料来源为国家防汛抗旱总指挥部办公室和全国山洪灾害防治项目组。

强，对中小河流暴雨洪水的监测预警能力明显提高，有效减少了山洪灾害损失。2017～2020 年，我国进一步展开了山洪灾害防治工作，旨在进一步加强原有工作、扩大防治范围，同时利用大数据、云计算、GIS、移动端 APP 应用等新技术、新手段进一步加强防治能力[①]。

1.2 国内外山洪灾害风险预警研究进展

洪水预警方法一般有基于临界雨量的预警方法、基于降雨-径流的定量预报预警方法、基于上游河道水位监测的预报方法。这三种方法的预见期是逐渐减少的。基于上游河道水位监测的预报方法的预见期为河水从上游到下游的流动时间，因而这种方法通常只能在较大的河流中使用。如果不使用定量降雨预报技术，用模型模拟降雨径流过程，其预见期即为流域的降雨径流响应时间。然而，在我国的一些面积较小的山区流域，流域的降雨径流响应时间非常短，用模型模拟径流过程仅能获得较为有限的预见期，因而这种方法在很多中小型流域中的适用性也较低（Liu et al.，2018）。耦合气象预报能够提高预警的预见期，但很多研究表明，小流域的定量洪水预报面临严峻挑战（Alfieri and Thielen，2012）。本节将从水文模型在洪水预报中的应用、基于临界雨量的预报预警方法、多源降水观测及其在洪水预报中的应用、数值天气预报产品及其在洪水预报中的应用四个方面对国内外研究进展展开调研。

1.2.1 水文模型在洪水预报中的应用

应用水文模型模拟降雨径流过程是进行洪水预报的主要方法之一。大多数实时洪水预报系统，例如美国国家气象局的河流预报系统 National Weather Service's River Forecast System（Morris，1975），欧洲的洪水预警系统 The European Flood Alert System（Alfieri and Thielen，2012），以及中国的国家洪水预报系统（刘志雨，2009），都是基于水文或水力学模型来计算河道断面的流量从而进行预警。水文模型一般需要水文数据（流量）来率定模型参数，然而大多数山洪发生的流域都是无站点流域，因而没有流量数据进行模型参数的率定。同时，基于水文模型的实时预报系统，由于模型不稳定性、误差传递或不正确的更新步骤等，可能导致系统崩溃（Martina et al.，2006）。这些都使得水文模型在山洪或中小河流洪水预报中面临重大挑战。

---

① 资料来源为国家防汛抗旱总指挥办公室和全国山洪灾害防治项目组。

用于洪水预报的水文模型主要可分为分布式水文模型和集总式水文模型两类。集总式水文模型主要包括日本的水箱模型（tank model）（Sugawara，1979）、我国早期的新安江模型（赵人俊，1984）等。它们将整个流域当作一个整体来看待，其水文输入、输出及参数在整个流域内都是统一的。这一类水文模型通常用概念性或经验性方程来描述水文过程，因而模型的参数通常是根据实测资料率定得到的。这一类模型在早期发挥了巨大的作用，但由于在无资料地区往往缺乏实测流量数据进行模型的参数率定，集总式概念性水文模型在山区中小河流洪水预报中的应用受到较大限制。

分布式水文模型的特征在于它能够考虑各种水文参数的空间变异性。在具有物理机制的水文模型中，用于描述水文过程的方程通常是局限于小尺度的，必须考虑参数的空间变异性，因此通常属于分布式水文模型；当然也有一些概念性水文模型也属于分布式水文模型，例如分布式的新安江模型（姚成，2007）等。由于分布式水文模型要考虑不同参数的空间变异性，往往需要大量的数据信息，因此，它通常与地理信息系统、DEM 数字高程数据、遥感数据等相结合。国外的分布式水文模型发展较早，英法丹三国科学家开发的 MIKE-SHE 模型（Abbott et al.，1986；Refsgaard et al.，1995），基于地形指数的 TOPMODEL 模型（Beven and Kirkby，1979）等。我国的分布式水文模型发展相对较晚，但近年来应用较多，如刘志雨（2004）的研究表明，改进后的分辨率为 1km 的 TOPKAPI 模型在淮河上游息县以上流域（约 10 000km²）具有较好的应用效果；许继军（2007）改进了整个长江流域上游 10km 分辨率的分布式水文模型 GBHM，探讨了分布式水文模型在大尺度流域中水资源管理及洪水预报中的应用；吴志勇等（2007）将 VIC 模型应用在全国 30km 空间分辨率，并采用 24h 的时间步长，模拟网格的土壤水、蒸发及径流；雷晓辉等（2010）开发了一种面向业务化运用的 easyDHM 模型，扩展了模型的通用性。

以往的研究表明，基于物理机制的分布式水文模型相较于集总式、概念型水文模型具有以下几个优点：①在无需模型参数率定时，分布式模型的表现略优于集总式水文模型（Refsgaard and Knudse，1996；Mendoza，2012），这可能是由于集总式概念性水文模型的参数无法直接与流域特征建立联系所造成的；②分布式模型对极端事件的预报效果要优于集总式模型（Moore，2001）；③分布式模型能模拟整个流域的流量过程及其他中间水文状态（如土壤水含量）（Refsgaard and Knudsen，1996；Javelle et al.，2010），有助于人们更好地理解从降雨到洪水的变化规律；④分布式水文模型能更有效地应用地理信息系统和遥感技术提供的大量空间信息（贾仰文等，2005；Looper，2012），例如雷达、卫星遥感提供的高分辨率降水产品或数值天气预报提供的降水产品等。

流域前期湿润状况显著影响着流域降雨-径流响应过程，如坡面流与壤中流的比例（Sugimoto et al.，2011）：当土壤含水量较低，降水渗入地下的水量大，产生径流则小；反之，如果土壤含水量较高，降水渗入地下的水量小，形成径流的水量多。前期土壤含水量直接影响着超警戒的洪水是否会发生（Hlavcova et al.，2005；Zehe and Blöschl，2004）。例如，Grillakis 等（2016）在 Rastenberg 流域的研究中显示，该流域的前期土壤含水量每增加 1%，相应的洪峰流量平均要增加 2% 左右。Vieux 等（2009）和 Grillakis 等（2016）研究表明，前期土壤含水量对极端超大洪水的影响较小，但对中小型量级的洪水影响十分巨大，而后者往往才是造成多人员伤亡和财产损失的洪水（Apel et al.，2004）。因此，对各类山洪预警系统而言，获取精确的土壤含水量都是至关重要的（Georgakakos，2006；Javelle et al.，2010；Van Steenbergen and Willems，2013）。有学者根据对土壤水的实地考察和遥感观测资料发现，流域地形和土壤属性是对土壤水时空变化影响最大的物理因素（Ran et al.，2017）；Nasta 等（2013）则进一步发现，在他们的研究流域中，当流域较为湿润时，地形是土壤含水量的主控因素，而在流域较为干旱时，土壤属性成为最重要的因素。基于物理机制的分布式水文模型由于能够综合考虑地形和土壤属性对水文过程的影响，在估算土壤含水量方面具有广阔的应用前景。

1.2.2　基于临界雨量的预报预警方法

临界雨量预警方法的主要思想是通过直接将预报或观测到的降雨量与临界雨量进行比较以确定洪水灾害发生的可能性。若实测或预报降水超过该临界雨量，表明山洪灾害发生的可能性很高，需要发出预警；反之则表明山洪灾害发生可能性较低。基于临界雨量的预警方法不仅具有较长的预报期，而且具有一定的准确度，且步骤简单，操作方便，在中小河流洪水预警中正得到越来越多的应用。在运用这种方法的过程中，确定临界雨量的大小是最为关键的步骤。以往的许多研究都致力于更为精确地求解临界雨量大小，分别介绍如下。

（1）早期方法

早期研究中，人们使用一种较为简单的方法来确定临界雨量，即以降雨历时为横坐标、以累积雨量为纵坐标作图，然后找到一条线来最好地区分超警戒或不超警戒的降雨径流过程（Cannon et al.，2008），这条线上的雨量就是不同历时的临界雨量。

（2）美国 FFG 方法

采用美国国家气象局河流预报中心在 20 世纪 70 年代开发的山洪指导系统

Flash Flood Guidance（FFG）（Mogil et al.，1978）确定临界雨量，是世界上使用最为广泛的临界雨量确定方法之一。这种方法首先估计了当前时刻的土壤含水量（在美国，通常使用萨克拉门托模型模拟土壤水含量），然后在这种土壤含水量下，假定不同的降雨输入条件（包括降雨历时和降雨量），重复地运行一个集总式水文模型，来确定能在流域出口引发临界流量的临界雨量。注意这一临界雨量通常被认为在一定时段和整个流域内都是均一的。在确定了临界雨量之后，当接下来时段的预报雨量或观测雨量超过了临界雨量时，即可发布预警信息。美国国家气象局一般每天更新 1~3 次临界雨量（Gourley et al.，2012）。

（3）美国 GFFG 方法

在 FFG 的基础上，人们又结合 Arkansas-Red Basin RFC 方法发展了基于格点的 GFFG 方法（gridded flash Flood Guidance，GFFG）（Schmidt et al.，2007）。不同于 FFG 系统，GFFG 系统中计算了每个栅格中的临界雨量，系统采用的网格大小为 4km×4km。系统主要分三个步骤计算临界雨量，包括临界流量的计算，土壤水湿度的估计，以及临界雨量的计算，具体计算方法如下。

1）临界流量（ThreshR）可以由上滩流量除以一定时段单位线的峰值计算得到。GFFG 中，上滩流量是通过将两年一遇的 3 小时设计降雨输入 Natural Resources Conservation Service（NRCS）Curve Number（CN）模型估算得到；单位线峰值是由 NRCS Triangular Unit Hydrograp 方法计算得到的，该方法考虑了流域特征，例如坡度和 CN 等。

2）根据 Hydrology Laboratory-Research Distributed Hydrologic Model（HL-RDHM）（Koren et al.，2004）估算上层土壤的前期土壤含水量。

3）根据 SCS 模型计算临界雨量。SCS 模型中，各变量的关系可由下式概括：

$$\text{ThreshR} = \frac{(P-0.2S)^2}{(P+0.8S)} \tag{1-1}$$

式中，P 为临界雨量，S 为初损值。它可以根据由前期影响雨量调整过的曲线数 CN 按下式计算得到：

$$S = \frac{1000}{\text{CN}_{\text{adj}}} - 10 \tag{1-2}$$

式中，CN_{adj} 为调整后的 CN 值。CN 值是通过土壤类型和土地利用查表获得的，还需根据流域的干、湿、普通三种状态进行调整（NWSRFS，2004）。

因此，可以反推得到每个网格的临界雨量公式为

$$P = \frac{0.2S + \text{ThreshR} + \sqrt{2\text{ThreshR} \cdot S + \text{ThreshR}^2}}{2} \tag{1-3}$$

实际应用时，取流域范围内各网格的临界雨量值平均值，得到整个流域的临界雨量值。

（4）美国 FFPI 指标法

Flash flood potential index（FFPI）是应用于美国西北部、科罗拉多等流域的另一种指标（RFC Development Management Team，2003）。在这些流域中，人们认为土壤水含量并非发生山洪的决定性因素，因此发展了 FFPI 指标代替传统的 FFG 指标。FFPI 根据格点的地形地貌信息来决定山洪发生的可能性，包括土壤特征、植被覆盖、森林密度、坡度、土地利用、城镇化率和季节的影响等（Smith，2003）。计算指标时，首先对上述指标分别从 1 至 10 标定（1 表示对降雨最不敏感，10 表示最敏感），其次后取所有指标的平均值作为最终的 FFPI 指标。在实际运用中，通常根据 FFPI 的指标来调整计算得到的临界雨量值。

（5）欧洲 EPIC 指标法

EPIC 的全称为 European precipitation index based on simulated climatology，是用于欧洲山洪监测预警的一种指标（Alfieri and Thielen，2012）。它按照以下公式计算：

$$EPIC(t) = \max_{\forall di} \left(\frac{UP_{di}(t)}{\frac{1}{N} \sum_{yi=1}^{N} \max(UP_{di})_{yi}} \right); \quad di = \{6,12,24\} \tag{1-4}$$

式中，t 表示时间，di 表示时段，通常为 6、12、24 小时等，UP_{di} 为流域最大时段累积降雨量，N 表示年份，max（UP_{di}）表示 yi 这一年的最大时段累积降雨量。这个指标的实质是表达了当下实测的最大时段累积降雨量与多年平均的年最大时段累积降雨的比值。该指标根据小尺度模拟联合机构（Consortium for Small-scale Modeling）（Marsigli et al.，2005a；Marsigli et al.，2005b）提供的预报降雨每天计算一次，计算网格大小为 1km×1km。

（6）我国使用的临界雨量方法

我国目前广泛采用的临界雨量方法仍为相对原始的方法。Liu 等（2018）回顾了我国临界雨量发展的历程。他将我国过去的临界雨量发展历程划分为两个阶段：第一阶段在 2006~2012 年，在此期间我国构建了 2058 个县级山洪预警平台。各省分别根据历史降雨径流关系建立了经验方程用于山洪预警，进而建立了山洪预警的临界雨量指标。以河南省水文手册为例（河南省水利部，1984 年编制），洪峰流量的计算公式为

$$Q_m = 0.278\varphi \frac{S}{\tau^n} F \tag{1-5}$$

式中，φ 表示径流系数；τ 是汇流时间；F 是流域面积；S 是降雨强度；m 为时段；n 为暴雨衰减指数，随地区和历时长短而变。

第二阶段为 2013 年以来，计算尺度从县级进一步提高到村级。在此期间，人们根据预警水位来计算临界雨量（胡余忠等，2015）。主要的步骤包括：①根

据从现场调查得到的临界水位和水位流量关系确定临界流量；②根据历史流量观测进行频率分析计算临界流量对应的频率；③根据历史降雨观测进行频率分析计算该频率对应的临界雨量。

而《山洪灾害临界雨量分析计算细则》中，则是按照"最大中取最小"的原则来计算临界雨量。计算方法分为单站临界雨量和区域临界雨量两种。其中单站临界雨量方法的计算公式为

$$R_{ti临界} = \min(R_{tij}) \qquad i = 1, 2, \cdots, S, \ j = 1, 2, \cdots, N \tag{1-6}$$

式中，$R_{ti临界}$ 表示 t 时段第 i 个雨量站的临界雨量；R_{tij} 表示 t 时段第 i 个雨量站第 j 次山洪灾害中的最大累积雨量。S、N 分别为雨量站数和山洪灾害次数。各雨量站的平均值、最小值、最大值分别为流域内发生山洪灾害的平均情况、必要情况和充分情况。

区域临界雨量方法与单站临界雨量方法类似，只是用面平均雨量代替单站雨量：

$$R_{t临界} = \min(R_{tj}) \qquad j = 1, 2, \cdots, N \tag{1-7}$$

式中，$R_{t临界}$ 表示 t 时段的流域临界雨量，R_{tj} 表示第 j 场山洪灾害中的最大流域平均累积雨量。

很显然，这种"最大中取最小"的方法，对应于产生危险洪水最有利的条件（如前期影响雨量、坡面糙率等），是出于安全考虑，也是相对保守的。实际情况中，达到这一警戒雨量的降水，未必会发生洪峰流量超过警戒流量的洪水。同时，由于方法中涉及山洪灾害调查，在无资料地区无法直接应用，而需要通过有资料地区内插、比拟获得，或是通过降雨频率分析方法计算。

（7）各临界雨量方法优缺点

尽管各个方法都广泛应用业务化预报预警中，每种方法都有各自的相对优缺点，在此将其总结如下（RFC Development Management Team，2003；Alfieri and Thielen，2012；Gourley et al.，2012；Clark et al.，2014）：

早期的方法比较简单，但它没有考虑流域前期湿润状况和其他流域特征，精度相对较低。

FFG 方法首次在确定临界雨量时考虑了前期土壤含水量的影响，这是它相对于早期方法的巨大进步。但该方法使用的是集总式水文模型，模型尺度超过山洪尺度的流域面积 200 倍以上（Schmidt et al.，2007），与山洪发生的流域尺度不匹配；FFG 需要每天频繁地重复运行系统，对系统稳定性和计算能力的要求较高；FFG 每天仅更新 1~3 次临界雨量，与山洪发生的时间尺度不匹配，可能降低该方法的精确度。

GFFG 方法考虑了指标的空间变异性，这是其最主要的优点。但它在计算整

个流域的临界雨量值时，直接将流域范围内各网格的临界雨量值取平均，而并没有考虑网格之间的水力连接关系；同时，该方法在计算过程中假设初始时河道流量为零，因此计算得到的临界雨量可能会高于实际值。Gourley 等（2012）根据美国实测流量站点的数据评价了 FFG 和 GFFG 方法，结果表明尽管 GFFG 方法能够反映空间变异性，但其总体效果要略差于 FFG 方法。

FFPI 计算相对简单，较适用于洪水发生与土壤水关系不大的地区，但 FFPI 数值可能随季节变化。

EPIC 的物理意义清晰，直接表征了最大时段降水与多年平均的年最大时段降水的比值。但这种方法存在严重缺陷，即在计算中没有考虑土壤含水量的影响。同时，该方法目前仅在欧洲部分国家使用，且没有经过业务评价。

在我国使用的方法中，第一阶段使用经验方法计算临界雨量，没有考虑暴雨特征、下垫面情况、居民聚集点等因素，精度较低；第二阶段的方法假定降雨与洪水的重现期一致，同样没有考虑流域前期湿润状况等因素，存在一定局限性。《山洪灾害临界雨量分析计算细则》中的计算方法，采用"最大中取最小"是偏于保守的，没有考虑流域湿润状况的影响。

1.2.3　多源降水观测及其在洪水预报中的应用

降水是水文系统中的首要输入量（Nijssen and Lettenmaier，2004）。不论是降雨径流模拟方法或是基于临界雨量的预警方法，其先决条件都是能够在合适的时空尺度获取高精度的、可信的降水观测值或预报。山洪通常是由高强度的局地、短历时暴雨引起的，因而准确地进行山洪预报预警首先需要获得准确的山区降水观测值。然而，山区复杂的地形地貌能够显著地影响区域降水的时空分布，使得中小尺度的天气系统极易发生改变。同时，地形抬升导致的地形雨使得山区极易形成局地暴雨中心（彭乃志等，1995）。因此，准确观测山区降雨过程是具有重要意义但十分困难的一项任务。

目前，降水观测的主要手段包括地面站点观测、雷达降水观测及卫星降水观测三种手段。

传统上，降水数据是通过地面观测站来获取的，这是最直接的方法。尽管单点观测精度较高，但其空间分辨率通常较低，且面临代表性不足问题（Kidd and Levizzani，2011）。人们通常采用各种空间插值手段将点尺度的雨量观测扩展到面尺度或是将数据网格化（李新等，2000），插值方法包括泰森多边形法（芮孝芳，2004）、距离方向反比插值法（New et al.，2000）、普通克里金方法（Goovaerts，1997）等，但这些插值方法都具有显著的不确定性。世界气象组织

WMO 建议山区至少每 250km^2 具有一个雨量观测站点 (Mishra and Coulibaly，2009)。然而我国的雨量站网分布十分不均匀，并且存在较多缺测区，总体上不能够满足我国山丘小流域的洪水预报预警需求。另外，雨量站点维护成本较高，且在洪水过程中又面临较大的损坏风险。因此，越来越多的山洪预警系统逐渐转向依靠遥感手段观测降雨。

天气雷达是一种基于主动微波的遥感观测降水手段，它在一定程度上克服了雨量站观测的空间分辨率过低的问题，能够观测数十甚至数百公里范围内的降水。天气雷达降水观测技术的主要原理是根据云层对微波的反射特征来推求降雨的强度。但它容易受到各种因素的影响，例如周围环境的地物杂波影响、降雨反射率的不确定性关系等 (German and Joss，2003；Hu et al.，2014)。因此，在使用雷达观测降水时，通常需要经过质量控制、降雨量经验转换、产品生成及后处理等一系列过程，才能提供相对准确的降水数据产品。已有许多研究根据地面站点观测降雨来实时校正雷达观测降水，并且取得了较好的结果，例如 Smith 和 Krajewski (1991)；Seo 和 Breidenbach (2002)；Sinclair 和 Pegram (2005)；Mazzetti 和 Todini (2003)；李哲 (2015)；杨文宇等 (2015)。全球许多地区均已安设了雷达装置，例如美国的下一代天气雷达 (NEXRAD) 观测网 (Zhang et al.，2011) 能够提供全美国范围的实时定量降水产品；欧洲的雷达拼接图也能够提供大陆尺度的实时定量降水产品 (Huuskonen et al.，2014)。我国自 20 世纪 90 年代开始陆续布设新一代天气雷达观测站网 (CINRAD)，但截至目前，尚未能业务化地发布实时定量降水产品。

卫星观测提供了另一种从空中观测全球降水的手段。在过去的几十年，人们发展应用并评估了许多种卫星降水产品，如 PERSIANN (Sorooshian et al.，2000)，CMORPH (Joyce et al.，2004)，PERSIANN- CCS (Hong et al.，2004)，NRL-Blend (Turk and Miller，2005)，TMPA (Huffman et al.，2010) 和 GSMap 产品 (Kubota et al.，2007)。表 1-1 归纳了上述卫星降水产品的时空分辨率、覆盖范围及发布时滞。

表 1-1　常见的准实时卫星降水产品的时空分辨率及发布延迟时间

产品名称	时空分辨率	覆盖时空范围	发布延迟时间
CMORPH	3h/0.25°或0.5h/8km	60°S~60°N，2002 至今	3h
TMPA RT	3h/0.25°	60°S~60°N，2002 至今	9h
PERSIANN	3h/0.25°	60°S~60°N，2000 至今	2d
PERSIANN-CCS	0.5h/0.04°	60°S~60°N，2003 至今	2d
NRL Real Time	1h/0.25°	60°S~60°N，2000 至今	3h
GSMaP	1h/0.10°	60°S~60°N，1998 至今	4h

可以看到，上述卫星产品的时空分辨率大多与山洪的时间空间尺度不匹配，难以直接应用到山洪实时预报预警当中。例如，Nikolopoulos 等（2012）将3B42RT、CMORPH 和 PERSIANN 应用到意大利北部 623km² 的小流域中，发现一方面尽管卫星降雨数据一定程度上能刻画降雨过程，但不能很好地捕捉山洪过程中的水文特征。虽然模型结果相对较好，但模型参数率定结果不合理。另一方面，卫星降水存在不同程度偏差，例如刘少华等（2016）评价了 TRMM 卫星降水在中国大陆的效果，发现它与地面站点观测资料的一致性尚可，但在大多数区域有随区域变化的系统性偏差。

在 TRMM 的经验基础上，人们发展了新一代的全球降雨观测卫星（global precipitation measurement，GPM），它的时空分辨率将提升至 0.1°×0.1°，30min（Hou et al.，2014）。GPM 卫星搭载了 Ku/Ka 波段双频（分别是 13GHz 和35GHz）降雨观测雷达（DPR），和一个多通道的锥形扫描（10~183GHz）微波成像仪（GMI），已于 2014 年 2 月 28 日由美国国家航空航天局（NASA）和日本航空航天探索局（JAXA）成功发射。这些传感器使得 GPM 能够更好地探测低强度降雨（<0.5mm/h）与固态降水（Hou et al.，2014）。

已经有一些研究评价了 IMERG 实时后产品（final run）的表现。Tang 等（2016）在中国的一个中尺度流域验证了 IMERG 实时后产品的表现，且声称它在统计角度和水文角度都能够替代 TMPA 产品。Tang 等（2015）评价了 IMERG 实时后产品在整个中国的表现，发现较 3B42V7 产品更好。Sharifi 等（2016）也报道称在伊朗 IMERG 产品比 3B42V7 产品更好，但同时也声称基于卫星在山区获取准确的降雨估计仍存在较大的挑战。

1.2.4　数值天气预报产品及其在洪水预报中的应用

在流域洪水预报预警中，如果要将预见期延长至超过流域的汇流时间，就必须要引入定量降雨预报技术（Cloke and Pappenberger，2009；黄保国和夏冰，2003），也即所谓的气象–水文预报方法。这种方法的关键也在于获得精确的降雨预报。

然而，大气环流系统是一种非线性的复杂系统，其预报结果不可避免地带有显著的误差和不确定性。数学方程对大气物理过程的不完全描述、动态模拟的时空尺度限制、模型对初始状态的敏感性等各种因素限制着数值天气预报的精确度。过去数十年，气象学家应用了集合预报的方法在一定程度上减少气象预报的不确定性。集合预报通常是在蒙特卡洛模拟的架构下进行的，以一个中心点做控制预报（control forecast），随机给予其他预报组的初始状态一个微小的扰动作为扰动组（perturbed forecasts）。欧洲中期天气预报中心（European Centre for Medium-Range Weather Forecasts, ECMWF）（Molteni et al., 1996）和美国国家环境预报中心（National Centers for Environmental Prediction, NCEP）（Toth and Kalnay, 1997）是最早开始业务化发布预报产品的两家单位。许多研究表明，ECMWF 是目前精度最高的全球尺度大气环流模式。在中国区域内，其估测降雨的精度明显高于 NCEP 再分析产品。目前，世界上的大多数洪水预报系统，不管是学术研究类的或是业务化的预报系统，正越来越多地在数值天气预报中引入集合预报的概念，例如欧洲洪水预警系统（European Flood Alert System, EFAS）（Thielen et al., 2009）等。

然而，尽管数值天气预报技术取得了长足进步，数值预报模式的降雨预报精度还远远不能满足东亚季风区的降雨预报需求（Kang et al., 2002；Wang et al., 2004），在中小尺度的流域中更是如此。水文学家发展了各种降尺度方法，包括动力降尺度和统计降尺度（Benestad, 2007；Benestad and Haugen, 2007；Christensen et al., 1997；Hanssen-Bauer et al., 2005；Prudhomme et al., 2002；Xu, 1999）。动力降尺度通常是根据大气环流模式（general circulation models, GCM）提供的初始条件和边界条件运行区域气候模式，来提供更精确的局地降雨预报。动力降尺度基于物理机制的大气模拟提供降水估计，相对较好地反映地形、土地利用等下垫面条件的影响。但其庞大的计算量和对其他局地信息的要求严重限制了该方法在许多地区的应用。统计降尺度则是建立了大尺度天气与局部观测之间的统计联系，它的缺点主要在于预报因子-预报值之间关系的稳定性常被质疑，并且通常需要有较长的降雨观测资料。但统计降尺度相对简明易懂、计算简便，便于推广到更多地方使用。

水文学家们在过去提出了许多种统计降尺度方法。其中最简单的形式应该是线性回归方法，它利用局部大气循环特征的优化线性组合来估计预测目标（Murphy, 2015；Schoof and Pryor, 2001）。在该方法中，人们通过对水汽、气压、风场等气象变量进行主成分分析，确定主成分因子来代表局地大气特征，进而与降雨建立回归关系。虽然主成分因子可以代表大气尺度下大气循环的内部线性特征，但它未必能够很好反映天气尺度下的被预测值。例如，锋面降水与其对应的气旋几何形状（如下沉强度、覆盖范围和距离等）密切相关，这些几何形状因事件而异，并不是所有的特征都能被大气场的主要特征向量很好地描述。

其他一些方法则根据大气环流场的非线性特征来估算降雨，自组织映射（self-organizing map, SOM）（Hope, 2006）是其典型代表。在 SOM 方法中，人们将天气环流场划分为不同的类别，进而在每个类别中分别定义一个空间降雨模式。与主成分回归的问题类似，这些特征不是基于预报因子-预报值的关系建立的，而是通过预报因子自身的内部结构建立的，而这未必能很好地描述天气尺度下的降水分布。

另一类机器学习算法使用核技巧（kernel trick）隐式间接地将原始输入数据转化到特征空间中，从而使学习算法能够更好地提取目标的有用信息。这种转化通常是通过核函数完成的，它通过计算输入空间中两个目标的点积，来计算两个点在特征空间中的距离。核技巧中，可以通过选用不同的核函数及不同的参数来定制特定目标的特性。相关应用包括核回归（kernel regression）（Kannan and Ghosh，2013）和支持向量机（support vector machine，SVM）（Tripathi et al.，2006；Pan and Cong，2016）等。内核的设计严重依赖于研究者的先验知识。对于降雨降尺度的问题，很难设计出一个核函数使其能明确反映不同气旋事件或对流活动的下沉强度、覆盖范围或距离等对降水的影响。

采用人工神经网络（artificial neural networks，ANN），可以帮助人们更好地识别不同表观或不同位置的大气循环关键特征。人工神经网络过去也被广泛应用于降水的降尺度问题当中（Guhathakurta，2008；Norton，2011；Schoof and Pryor，2010）。然而，传统的神经网络往往受困于局部极小值的问题，并没有展示出比其他降尺度方法更好的性能。近年来，人工神经网络取得了极大的进展，以卷积神经网络（convolutional neural networks，CNNs）和递归神经网络（recurrent neural networks，RNNs）为代表的深层神经网络在语音识别、图像识别和目标检测等方面取得了很大的成功。Vandal 等（2017）和 Pan 等（2019）根据卷积神经网络，运用海平面气压等作为预报因子对美国的降雨进行降尺度，证明了CNNs 在降雨估测的有效性。Shi 等（2015）提出了一种耦合 CNNs 与长短时记忆神经网络（LSTM）的方法应用雷达观测云图进行降水的临近预报，取得了较好的效果。

1.3 我国山洪灾害防治面临的问题

洪水预警系统必须依赖于精确的实时降雨观测、高分辨率的降雨预报以及有效的预警手段（包括基于降雨径流模拟的预警方法和基于临界雨量的预警方法等）。综合以上调研，当前中小流域洪水预报预警在上述三个关键步骤中主要面临以下难点。

1）中小流域洪水预警体系不完善。我国的水文模型主要应用于大江大河中，对中小流域关注较少。分布式水文模型所具有的各类优点使它在未来山区中小流域洪水预报中具有更高的应用潜力。但目前我国分布式水文模型的应用流域较为有限，或是以牺牲空间分辨率为代价建立大范围的模型（例如水利部水文信息中心目前应用的 VIC 模型的空间分辨率为 30km，远远不能满足于山洪预报的空间精度需求）。另外，目前国内外使用的各种临界雨量计算方法均存在不同程度的缺点，如 FFG 中使用的是集总式水文模型，与山洪流域尺度不匹配；GFFG 计算过程中初始河道为空的假定与实际不符，且它没有考虑各网格间的水力连接，而只是将流域内各网格的临界雨量取平均值作为整个流域的临界雨量；EPIC 指标未考虑流域前期湿润状况，且假定降雨和洪水的重现期一致。我国使用的临界雨量计算方法较为落后，例如方法中假定降雨与洪水的重现期一致，不考虑流域前期湿润状况等因素使得这种方法的精度较低。无论是从直接的降雨径流定量预报方法，或是制定适宜的临界雨量指标两个角度来说，目前已建成的水文模型或是雨量指标体系均无法满足全国山洪预报预警的需求。

2）偏远山区中小流域中实时监测资料稀缺。山洪通常是由局地短历时的强暴雨引起的，且山区降水受地形影响，降水分布的空间变异性较高。单纯依靠相对稀疏的地面观测站网难以精确地捕捉局地暴雨的时空特征，在偏远的山区中小流域中尤为如此。近年来，雷达降水观测逐渐展现出它在山洪预报预警中的潜力，但一方面雷达降水观测往往需要根据地面站点详细校正后才有足够精度，并且雷达降水观测在具有复杂地形地貌的山区流域中存在更高的不确定性；另一方面，我国尚无业务化的实时雷达降水数据产品，将雷达降水数据用于实时洪水预报中的案例非常有限。虽然卫星遥感降水产品可以为无资料地区提供极具价值的降雨观测信息。，但受制于相对较低的时空分辨率，过去的卫星降水产品大多应用于大型流域中，在山区中小流域中的应用性较差。因此，在描述复杂地形区域的实际降水空间变化时，应当既合理地利用不同降水来源提供的有效信息，又合理地估计地形变化对降水数据的影响。

3）传统降雨径流预报方法的预见期较短，在中小型流域中应用受限。为了提高洪水预警的预见期，必须要依靠定量降雨预报产品。全球范围的通用大气环流模式可以提供具有较长预见期的降雨预报。尽管降雨预报在过去几十年中得到了长足发展，但目前它的网格分辨率仍然较粗，精度仍然较差。为了保证降雨的精确度和分辨率，在将其应用于洪水预报之前，必须经过降尺度步骤。动力降尺度需要的庞大计算量和构建模型的复杂性使其短期内难以在全国范围推广应用，在偏远山区中小流域尤为如此。尽管统计降尺度方法简单、直观，但传统降尺度方法对局地降雨预报的改善仍然有限。

4）洪水预警中各组分的不确定性对山洪风险预警不确定性的影响机制尚不明确。山洪预警的不确定性研究，一直以来都是国际水文研究领域在山洪风险识别量化和预测预报中的难点和关键科学问题之一。不确定性来源包括输入数据、水文模拟、预警方法。降雨输入数据是水文模型的驱动数据，实测降雨的观测误差和降雨产品的算法误差会传递到后续分析过程中。水文模拟过程存在的不确定性主要有水文模型的结构不确定性和参数不确定性。此外，山洪灾害风险的预警方法（如临界雨量方法等）的综合不确定性是山洪灾害风险预警的核心问题。因此，需要发展耦合不确定性的山洪灾害风险预警方法，并阐明山洪风险预警不确定性的组成成分以及其传递机制。

第2章 | 山区复杂条件下的面雨量获取方法及其应用

高精度的气象数据是合理估计气候变化趋势的前提，也是采用分布式水文模型模拟出合理的流域水文过程变化的必要条件。由于复杂的地貌条件不利于建设地面站点，山区的地面气象观测站点十分稀少，因此难以基于观测数据得到高精度的气象要素的空间分布。越来越多的研究关注到小流域高精度气象要素的空间分布问题，而其中小流域降水的空间分布估计最为复杂。

目前我国建立的遥测雨量站和气象站数量有限，空间分布上东密西疏，特别是缺少山区降水的观测资料（石朋和芮孝芳，2005）。因此，基于地面站点观测降水数据来估计山区降水的空间分布十分困难（Martínez-Cob，1996）。近年来，雷达及卫星遥感技术的发展丰富了降水观测方式，雷达和卫星降水数据能够反映降水的空间异质性特征，弥补了传统地面站点观测空间分布不连续的缺陷。然而雷达降水观测存在覆盖面积有限、建设成本高及误差因子多等问题，且受地物杂波等因素影响，在山区的观测具有较大的不确定性（Young et al.，1999；Li et al.，2014）。卫星遥感降水观测则存在采集时间间隔长、空间精度不高等问题（孙乐强等，2014），难以满足高精度的生态水文模型的模拟要求（Hofstra et al.，2008）。此外，雷达和卫星遥感数据的应用均离不开地面站点观测的校正（袁定波等，2018）。因此，在描述复杂地形区域的实际降水空间变化时，应既合理地利用不同降水观测来源提供的有效信息，又合理地估计地形变化对降水数据的影响（何红艳等，2005；王舒等，2011；朱求安等，2005）。为此，本章提出了基于地形修正的降水空间插值方法，综合考虑站点与插值目标网格的位置、高程及坡向关系，从而修正地形对降水空间分布的影响，并在黄土高原地区进行应用。为量化降水观测的不确定性，进一步发展了基于贝叶斯原理的多源降水融合方法，利用站点的精准点尺度观测来校正卫星降水的空间分布，从而获得最优降水估计，并在黄土高原和青藏高原地区开展了应用。

2.1 基于地形修正的降水空间插值
方法及其应用

2.1.1 降水空间插值方法概述

空间插值是将离散点尺度数据转换为连续面尺度数据的方法，其基本假设为：空间上相距越近的点具有相似特征的可能性越大，反之则越小。根据插值区域范围的不同，空间插值方法可以分为整体插值法、局部插值法和边界内插法等，在水文气象数据处理中以局部插值法和边界内插法为主。局部插值法是用相邻点来估计未知点的值，常用的有反距离权重插值法（inverse distance weighting，IDW）、距离方向权重法（angular distance weighting，ADW）等。反距离权重插值法假定观测点对插值点的影响随距离的增加而减弱，其优点是简便易操作，适用于站点分布足够密集以反映局部差异的场景（刘光孟等，2010；Lu and Wong，2008）。距离方向权重法考虑了站点与目标网格之间的角度关系的影响，适用于站点分布不均时的空间插值（New et al.，2000）。边界内插法则假定值和属性均在区域边界上发生突变，而区域内部是均匀同质的，最具代表性的方法是泰森（Thiessen）多边形法。泰森多边形方法能够反映离散站点的空间控制范围，然而仅考虑了距离因素且插值结果受样本观测值影响较大，因此该方法通常应用于站点均匀分布且降水空间变异性不高的区域（李海涛和邵泽东，2019）。

研究表明降水常受到地形变化的影响，山顶上的降水量可能与山脚下的降水量有明显不同，迎风坡与背风坡的降水量也往往相差巨大（王晓宁等，2009；Daly et al.，2008；Sanberg and Oerlemans，1983）。许多研究尝试将地形因素考虑进面雨量计算中，然而仍缺少一种简单有效的插值方法来描述降水和地形要素之间的精确关系（陈贺等，2007）。传统的降水空间插值方法通常仅考虑距离和方向因素，当研究区地形起伏大时难以取得较好的插值效果。基于降水–高程关系的改进的 ADW 方法能够有效地考虑高程变化对降水分布的影响，但仍未解决日尺度降水插值中坡向影响及降水分布离散化的问题（王宇涵，2019）。

2.1.2 基于地形修正的降水空间插值方法

基于地形修正的日尺度降水空间插值方法（angular distance aspect gradient weighting method，ADAGW）首先基于站点与插值目标网格的方位及坡向关系调整插值权重系数，并利用降水高程关系和降水区域估计进一步修正日降水空间插值结果（图2-1）。具体步骤如下。

图2-1　小流域面雨量修正技术

第一步，划分子区域。由 DEM 高程数据得到与卫星降水数据相同空间精度的高程及坡向分布，并将研究区根据网格坡向划分为不同的子区域，使得子区域内网格的主朝向相同（图2-2）。为避免子区域划分过于零碎，并同时保留研究区的主要地形特征，在划分子区域之前，根据式（2-1）对高程进行平滑处理：

$$\mathrm{ele}_{(m,n)} = 0.5\,\mathrm{ele}_{(m,n)} + 0.125\,(\mathrm{ele}_{(m-1,n)} + \mathrm{ele}_{(m+1,n)} + \mathrm{ele}_{(m,n-1)} + \mathrm{ele}_{(m,n+1)}) \quad (2\text{-}1)$$

式中，$\mathrm{ele}_{(m,n)}$ 表示目标网格（m,n）的高程。

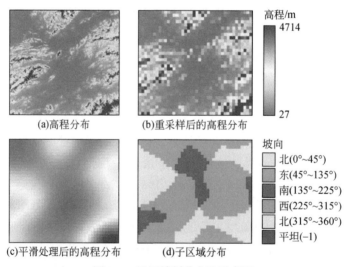

图2-2　子区域划分方法示意图

第二步，考虑站点与插值目标网格的方位对降水空间分布的影响。选取与目标网格（m，n）距离 d_0 以内的站点（站点数上限为8个），d_0 为控制衰减程度的临界距离，通常取值500km（New et al.，2000）。仅考虑距离要素时，站点 i 的权重系数的计算公式为

$$w_{0(m,n),i} = (\mathrm{e}^{-d/d_0})^{t_1} \quad (2\text{-}2)$$

式中，d 为目标网格（m，n）与站点 i 的水平距离；t_1 为校正系数，取值为 4（New et al.，2000）。进一步，根据各个站点与插值目标网格之间的方位调整距离权重系数，调整系数 $\alpha_{(m,n),i}$ 的计算公式为

$$\alpha_{(m,n),i} = \frac{\sum_{j=1}^{N} w_{0(m,n),j}\left[1-\cos\theta_{m,n}(i,j)\right]}{\sum_{j=1}^{N} w_{0(m,n),j}}, j \neq i \qquad (2\text{-}3)$$

式中，$w_{0(m,n),j}$ 为站点 j 的距离权重；N 为参与目标网格（m，n）插值的站点数；$\theta_{(m,n)}(i,j)$ 为以目标网格（m，n）为顶点时，站点 i 和 j 间的夹角。经距离和方位修正后的权重系数表示为

$$w^*_{0(m,n),i} = w_{0(m,n),i}(1+\alpha_{(m,n),i}) \qquad (2\text{-}4)$$

第三步，考虑坡向对降水空间分布的影响。计算子区域的平均坡向作为该子区域的主坡向（图 2-3）。坡向定义为坡面法线在水平面上的投影的方向，也是高程值的最大变化率的方向。

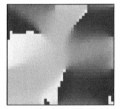

(a)栅格尺度坡向分布　(b)子区域主坡向分布

图 2-3　坡向分析示意图

根据插值目标网格与站点所在子区域的坡向关系调整权重系数，调整系数 $\beta_{(m,n),i}$ 为

$$\beta_{(m,n),i} = \begin{cases} \left(e^{-(360-|\varphi_{(m,n)}-\varphi_i|)/180}\right)^{t_2}, & |\varphi_{(m,n)}-\varphi_i| \geqslant 180° \\ \left(e^{-|\varphi_{(m,n)}-\varphi_i|/180}\right)^{t_2}, & |\varphi_{(m,n)}-\varphi_i| < 180° \end{cases} \qquad (2\text{-}5)$$

式中，$\varphi_{(m,n)}$ 和 φ_i 分别为网格（m，n）和站点 i 所在子区域的主坡向；t_2 为校正系数，取值由验证结果决定，应使得验证站点与插值结果的平均相关系数达到最大，此处取值 1。

经坡向修正后的插值权重系数为

$$w_{(m,n),i} = \frac{w^*_{0(m,n),i}\beta_{(m,n),i}}{\sum_{j=1}^{N}\beta_{(m,n),j}} \qquad (2\text{-}6)$$

第四步，考虑高程对降水空间分布的影响。首先基于卫星降水数据和高程数

据建立子区域内的月降水与高程间的回归关系，得到子区域的月降水高程梯度。假设一个月内的日降水高程梯度相同，由月降水高程梯度值除以该月天数得到子区域内日降水高程梯度。则网格 (m, n) 处降水值 $P_{(m,n)}$ 的计算公式为

$$P_{(m,n)} = \left\{ \sum_{i=1}^{N} w_{(m,n),i} \times \left[P_i + G_{(m,n),i} \times (\mathrm{ele}_{(m,n)} - \mathrm{ele}_i) \right] \right\} / \sum_{i=1}^{N} w_{(m,n),i} \quad (2\text{-}7)$$

式中，P_i 和 $w_{(m,n),i}$ 分别为站点 i 的降水值和插值权重系数；$G_{(m,n),i}$ 为网格 (m, n) 和站点 i 之间的平均降水高程梯度（基于网格间的高程差加权），其计算公式为

$$G_{(m,n),i} = \left\{ \sum_{k=1}^{M} \left[\mathrm{grad}_k \times (\mathrm{ele}_{k+1} - \mathrm{ele}_k) \right] \right\} / (\mathrm{ele}_{m,n} - \mathrm{ele}_i) \quad (2\text{-}8)$$

式中，M 为目标网格 (m, n) 和站点 i 沿线路径上的网格数；ele_k 与 grad_k 分别为网格 k 的高程及其所属子区域的降水高程梯度；k 取值为 1 代表站点所在网格，取值为 M 则代表目标网格（图 2-4）。

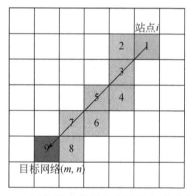

图 2-4　平均降水高程梯度计算方法示意图

第五步，考虑日降水过程中降水区域离散化的影响。首先进行降水区域估计，记降水区域指示因子为 I，当站点 i 位置处观测到降水时该指示因子等于 1，无降水时则为 0；

$$\begin{cases} I_i = 1, & P_i > 0 \\ I_i = 0, & P_i = 0 \end{cases} \quad (2\text{-}9)$$

根据式（2-7）对降水区域指示因子 I_i 进行插值，获得研究区任意网格的插值结果 $I_{(m,n)}$。设定阈值 I_T，并根据 $I_{(m,n)}$ 是否超过 I_T 得到网格的指示因子的估计量 $I_{(m,n)}^*$：

$$I_{(m,n)}^* = \begin{cases} 1, & I_{(m,n)} > I_T \\ 0, & I_{(m,n)} \leqslant I_T \end{cases} \quad (2\text{-}10)$$

当 $I_{(m,n)}$ 超过 I_T 表明网格处发生降水,否则无降水。阈值 I_T 的取值应使最终的降水区域估计结果达到无偏,即发生降水网格与总网格数的比值等于发生降水站点与总站点数的比值:

$$E[I_{(m,n)}^*] = E[I_{(m,n)}] \qquad (2-11)$$

降水区域估计量 $I_{(m,n)}^*$ 乘以降水估计结果 $P_{(m,n)}$ 得到最终降水插值结果 $P_{(m,n)}^*$:

$$P_{(m,n)}^* = I_{(m,n)}^* \times P_{(m,n)} \qquad (2-12)$$

2.1.3 降水空间插值方法在黄土高原的应用

2.1.3.1 研究区域基本资料

黄土高原山脉众多,地势西高东低,西部河源地区平均海拔4000m左右,中部在1000~2000m,东部则以黄河冲积平原为主。黄土高原位于中纬度地带,气候受大气环流、季风环流及地形影响,不同地区气候差异显著(图2-5)。

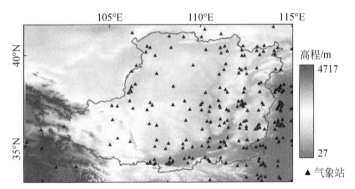

图 2-5 黄土高原地理位置及气象站分布

研究中所用数据包括基础地理信息数据及降水数据。地貌信息包括高程、坡度、坡向等,由 DEM 高程数据提取得到。DEM 高程数据来自 SRTM(http://srtm. csi. cgiar. org),空间精度为90m。黄土高原地区内共建有国家级地面气象站459 个,分布在海拔70~4000m 范围。由于气象站的建站时间不同,不同站点有不同的观测年限,为保证有连续的降水观测(1988~2017 年),筛除了缺测值占数据序列长度超过 5% 以及存在连续 5 天以上缺测的站点,并且用线性插值方法填补了剩余缺测数据,最后共有 239 个站点通过筛选。参考降水采用了由 GPM综合多卫星反演算法(integrated multi-satellite retrieval for GPM,IMERG)提供的第三级产品 "final run" 的月降水数据以及多源加权融合降水数据(MSWEP),MSWEP 数据集是由多个高质量降水数据源经过优化、加权、融合得到(Beck et al., 2019），二者空间精度均为0.1°。

2.1.3.2　插值结果验证与讨论

黄土高原地区的年降水量在100~600mm，降水分布不均匀，空间上呈现出东南多西北少的局面，区域内年降水高程梯度为-270~630mm/km（图2-6）。降水的空间分布受到高程变化及坡向变化的影响：当海拔低于1500m时，降水随高程的增加而减少，而当海拔高于1500m时，降水随高程的增加而增加，此外东南坡向区域的降水高于其他坡向的区域（图2-7）。一方面，迎风坡地形的动力及屏障作用使得暖湿气流被迫爬升进而凝结降水，因此山区降水普遍高于周围较低的区域（廖菲等，2007）。另一方面，气流上升速度受到山坡坡度、坡向和风向之间的角度等因素的控制，当迎风坡与盛行风向交角接近0°时地形抬升效应最为显著（孙鹏森等，2004；傅抱璞等，1992）。黄土高原的夏季雨水输入源为携带暖湿气流的东南季风，因此东南坡向区域降水量较大。

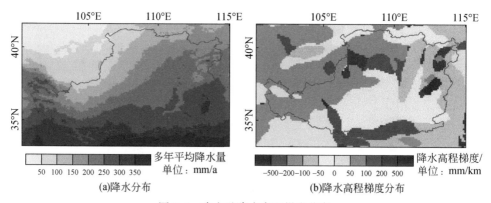

(a)降水分布　　　　　　　　　　　(b)降水高程梯度分布

图2-6　降水及降水高程梯度分布

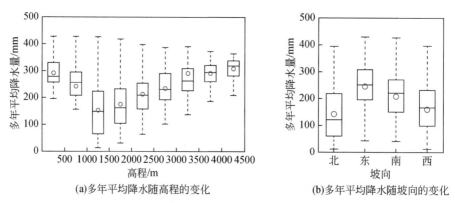

(a)多年平均降水随高程的变化　　　　(b)多年平均降水随坡向的变化

图2-7　多年平均降水量与地形要素的关系

站点间观测降水的相关性不仅受距离的控制，同时也受到高程变化及坡向变化的影响，随着站点间高程差及坡向差的增加，站点间观测降水的相关系数逐渐减小（图 2-8）。当区域地形起伏较大时降水空间变异性较高，此时"相距越近的站点降水量越相似"这一一般性规律可能不再适用。因此在空间插值中，需要考虑地形要素特别是高程及坡向变化对降水空间分布的影响。

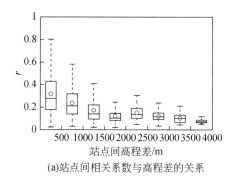 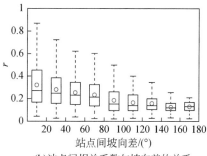

(a)站点间相关系数与高程差的关系　　(b)站点间相关系数与坡向差的关系

图 2-8　站点间相关系数与地形要素的关系

在黄土高原分别采用泰森多边形法、反距离权重插值法、距离方向权重法以及 ADAGW 方法进行不同时间尺度上的降水空间插值，并采用留一法交叉验证方法验证空间插值结果，验证结果如表 2-1 所示。验证指标分别为决定系数（R^2）及均方根误差（RMSE）。基于 ADAGW 方法的降水空间分布的决定系数在日尺度、月尺度及年尺度上分别达到 0.74、0.92、0.87，而均方根误差则分别为 3.1mm/d、14.3mm/月、60.8mm/a，均优于传统降水空间插值方法［图 2-9（a）~图 2-9（c）］。暴雨条件下的降水空间分布可能受到大尺度气团特征及气压系统的控制，此时地形的影响比较微弱，场次暴雨插值结果表明暴雨条件下该方法的插值结果存在低估［图 2-9（d）］。在传统降水空间插值方法中，泰森多边形方法的插值效果最差，而反距离权重法与距离方法插值法均表现较好。泰森多边形方法的误差可能源自于其假定目标网格的降水与邻近站的降水相同，然而降水分布具有空间变异性，因此在地形变化大的区域表现效果不佳。反距离权重法可以通过改变权重函数来调整空间插值等值线的结构使之接近真实情况，距离方向权重法能够修正站点与目标网格的角度带来的影响，然而二者均未考虑地形因素对降水的影响，因此对山区或站点不密集区域的降水插值精度的提升有限。评价结果还表明，地形对于降水分布的影响是否显著与时间尺度的长短有关。短时间尺度下（日尺度），降水空间分布主要受其他随机因素的控制，而当时间尺度较长时（月尺度、年尺度），其他随机因素的影响被"抹平"，地形因素的影响得以凸显。

表 2-1   不同时间尺度下站点观测降水与空间插值降水结果对比

插值方法	日尺度		月尺度		年尺度	
	R^2	RMSE/（mm/d）	R^2	RMSE/（mm/月）	R^2	RMSE/（mm/a）
泰森多边形方法	0.58	4.1	0.81	22.1	0.71	94.3
反距离权重法	0.68	3.4	0.86	19.0	0.79	76.7
距离方向权重法	0.68	3.4	0.86	19.2	0.80	75.8
ADAGW 方法	0.74	3.1	0.92	14.3	0.87	60.8

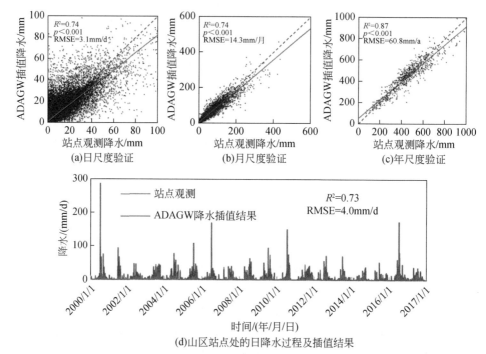

(a)日尺度验证   (b)月尺度验证   (c)年尺度验证

(d)山区站点处的日降水过程及插值结果

图 2-9   站点观测降水与基于 ADAGW 方法的降水插值结果对比

ADAGW 方法基于高分辨率卫星降水及高程数据获取子区域的降水高程梯度，该梯度值需要经过站点观测的校正以减少降水高程关系的不确定性。因此 ADAGW 方法更适用于有高分辨率卫星降水数据及站点数量足够多的复杂地形区域的面雨量获取。

2.2 基于贝叶斯原理的降水数据融合 方法及其应用

2.2.1 多源降水数据融合方法概述

当山区小流域站点过于稀少且不均匀时，基于站点观测信息得到的降水–高程关系空间精度较低，因此即使考虑了降水量与高程的关系，仅依靠站点观测数据估计降水的空间分布仍具有较高的不确定性。因此，许多研究尝试基于多源降水方法来估计复杂地形条件下的降水空间分布（Xie and Arkin，1997；Kirshbaum and Durran，2005a，2005b；Smith and Evans，2007；Giovannettone and Barros，2009；Lundquist et al.，2010；Mass et al.，2015；Newman et al.，2015）。这些研究包括基于遥感观测的降水数据融合方法、基于数值模型模拟结果的降水数据融合方法以及基于地面站点观测和卫星数据的降水数据融合方法（Gottschalck et al.，2005）。由于基于多源降水数据同化的方法通过融合不同降水数据提供的信息，以获得最佳的降水量估计值（Bianchi et al.，2013；Prasanna et al.，2014；Sun et al.，2018）。这些研究大多数通过比较卫星观测数据和站点观测数据之间的差异来校正卫星数据（Gottschalck et al.，2005；Prasanna et al.，2014）。这种方法的主要优点在于，既利用了站点观测提供的精确的点尺度信息，又利用了卫星数据提供的空间分布信息；而方法的不足在于，仅仅简单地基于地面观测校正卫星降水值，而不能识别不同数据的相对有效信息，因此难以最为合理有效地利用不同降水数据。李哲（2015）提出了一种基于贝叶斯原理的卫星数据与站点数据融合方法，能够识别不同降水的相对有效信息，更合理地融合了 10 种降水数据；此外，方法能够估计不同降水数据以及降水融合结果的不确定性的空间分布。潘旸等（2015）也同样尝试基于贝叶斯方法进行降水数据融合，更合理地利用了不同降水数据的有效信息。然而，这些研究所使用的方法未能考虑地形对降水的影响，因此在地形变化复杂地区的应用有所缺陷。

2.2.2 基于贝叶斯原理的降水数据融合方法介绍

基于贝叶斯原理的降水数据融合方法以降水的空间插值结果作为降水的先验分布，基于参考降水来校正先验分布，从而得到降水的后验分布信息，即降水数据的融合结果（图 2-10）。基于贝叶斯模型分析不同降水数据，包括地面站点的降水观测和参考空间降水数据（如卫星降水数据、雷达面雨量数据和格点降水数据），并将不同数据进行融合来估计降水空间分布的真值和不确定性，具体分以下几步。

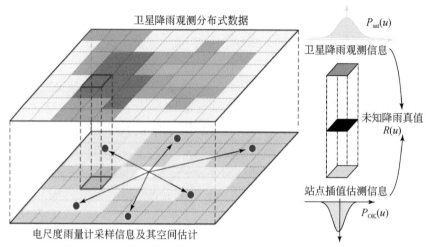

卫星降雨观测分布式数据

$P_{sat}(u)$

卫星降雨观测信息

未知降雨真值
$R(u)$

站点插值估测信息

$P_{OK}(u)$

电尺度雨量计采样信息及其空间估计

图 2-10　多源数据融合示意图

1）构建参考降水（如卫星、雷达面雨量）的似然函数。将地面观测数据与相应位置处的参考降水数据建立相关关系，该相关关系可用线性或非线性统计关系表达，一般采用加法模型或乘法模型。假设地面站点观测值与相应位置处的参考降水值可以用线性模型估计，关系式为

$$y_k(u_i) = a_k(u_i) + b_k(u_i)x(u_i) + \varepsilon_k(u_i) \quad i \in N_0 \tag{2-13}$$

式中，$y_k(u_i)$ 为第 k 套参考降水在第 i 个网格的降水值，$a_k(u_i)$ 和 $b_k(u_i)$ 分别为基于第 k 套参考降水数据与地面观测降水建立的线性模型和坡度，$\varepsilon_k(u_i)$ 为线性模型的残差，假设其服从以 0 为均值，$\sigma_k(u_i)$ 为标准差的正态分布。上述参数的估计可以基于每个站点的观测数据 $x(u_i)$ 与对应网格处的参考降水数据 $y_k(u_i)$ 建立线性回归关系得到，最终基于每个网格的 $a_k(u_i)$，$b_k(u_i)$，和 $\sigma_k(u_i)$ 参数值，得到每个网格的似然函数表达式如式（2-14）所示：

$$f[y_k(u_i)|x(u_i)] \propto \frac{1}{\sigma_k(u_i)} \times \exp\left(-\frac{1}{2\sigma_k^2(u_i)}\{y_k(u_i) - [a_k(u_i) + b_k(u_i)x(u_i)]\}^2\right) \tag{2-14}$$

需要注意的是，此处的 $y_k(u_i)$ 应当是去掉截距项后的参考降水。

2）基于站点数据空间插值的降水先验分布。将空间插值结果定义为降水的先验分布，估计站点插值的不确定性，建立距离与不确定性之间的相关关系，得

到不同距离下的平均不确定性来表征空间插值的不确定性，其表达形式为

$$\hat{\gamma}(h) = \frac{1}{2n(h)} \sum_{i=1}^{n(h)} \left[x(u_i + h) - x(u_i) \right]^2 \tag{2-15}$$

式中，$n(h)$ 为相互距离为 h 的站点对数，$x(u_i+h)$ 和 $x(u_i)$ 为相互距离为 h 的两个站点的降水值。基于研究区域所有站点数据，就可以得到不同距离下的平均不确定性 $\hat{\gamma}(h)$。以 h 为横坐标，$\hat{\gamma}(h)$ 为纵坐标，基于每对站点数据以离散点形式绘出二者的相关关系，基于离散数据拟合 $\hat{\gamma}(h)$ 的经验表达式。

在地形变化复杂的小流域，高程变化、风场变化等都会对降水有显著影响，站点插值的不确定性不仅与距离有关（即空间平稳性不能满足），还受其他因素的影响。因此在距离-不确定性关系表达式中加入高程等要素，得到新的不确定性表达关系：

$$\hat{\gamma}(h) = \frac{1}{2n(h)} \sum_{i=1}^{n(h)} \left\{ \begin{array}{l} \left[x(u_i + h) - S(u_i, u_i + h) \cdot \mathrm{ele}(u_i + h) \right] \\ - \left[x(u_i) - S(u_i, u_i + h) \cdot \mathrm{ele}(u_i) \right] \end{array} \right\}^2$$
$$= \frac{1}{2n(h)} \sum_{i=1}^{n(h)} \left\{ \begin{array}{l} x(u_i + h) - x(u_i) \\ - S(u_i, u_i + h) \left[\mathrm{ele}(u_i + h) - \mathrm{ele}(u_i) \right] \end{array} \right\}^2 \tag{2-16}$$

式中，$\mathrm{ele}(u_i+h)$ 和 $\mathrm{ele}(u_i)$ 分别为两个站点的海拔高程；$S(u_i, u_i+h)$ 为两个站点之间路径上的平均降水-高程梯度，平均梯度的计算如式（3-16）所示：

$$S(u_i, u_i + h) = \left(\sum_{j=1}^{\mathrm{Nop}-1} \left\{ \mathrm{slope}_j \times \left[\mathrm{ele}(u_{j+1}) - \mathrm{ele}(u_j) \right] \right\} \right) \big/ \left[\mathrm{ele}(u_i + h) - \mathrm{ele}(u_i) \right] \tag{2-17}$$

式中，Nop 为两个网格 u_i 和 u_i+h 之间路径上的网格数目；j 为该 Nop 个网格的排列序号，当 $j=1$ 时即为网格 u_i，$j=\mathrm{Nop}$ 时即为网格 u_i+h；slope_j 为第 j 个网格的降水-高程梯度，该梯度由网格周边站点的降水数据与站点高程数据线性回归得到。

在估计降水空间插值的不确定性与距离和其他要素之间的相关关系经验式后，可估计降水空间插值的不确定性的空间分布。采用 ADAW 插值方法对降水进行空间，每个网格（如 u_i）的降水空间插值结果表示为

$$x_{\mathrm{ADAW}}(u_i) = \sum_{g=1}^{\mathrm{Nog}} \left(w_g(u_i) \times \left\{ \begin{array}{l} x(u_g) + S(u_i, u_g) \\ \times \left[\mathrm{ele}(u_g) - \mathrm{ele}(u_i) \right] \end{array} \right\} \right) \big/ \sum_{g=1}^{\mathrm{Nog}} w_g(u_i) \tag{2-18}$$

式中，Nog 为插值使用的站点数目；$w_g(u_i)$ 为站点 g 的距离方向坡向权重。站点空间插值的方差表示为

$$\sigma_{\mathrm{ADAW}}^2(u_i) = 2 \sum_{g=1}^{\mathrm{Nog}} w_g(u_i) \cdot \hat{\gamma}\left[h(u_g, u_i) \right]$$

$$- \left(\sum_{g=1}^{\text{Nog}} w_g(u_i) \left\{ \sum_{l=1}^{\text{Nog}} w_l(u_i) \hat{\gamma}[h(u_g, u_l)] \right\} \bigg/ \sum_{l=1}^{\text{Nog}} w_l(u_i) \right) \bigg/ \sum_{g=1}^{\text{Nog}} w_g(u_i) - \hat{\gamma}(0)$$

$$(2\text{-}19)$$

基于式（2-18）和式（2-19），降水估计的先验分布表达为以站点插值降水（$x_{\text{ADAW}}(u_i)$）为均值，$\sigma^2_{\text{ADAW}}(u_i)$ 为方差的正态分布，表达形式如式（2-20）所示：

$$f[x(u_i)] \propto \frac{1}{\sigma^2_{\text{ADAW}}(u_i)} \exp \left\{ -\frac{1}{2\sigma^2_{\text{ADAW}}(u_i)} [x(u_i) - x_{\text{ADAW}}(u_i)]^2 \right\} \quad (2\text{-}20)$$

上述方法中的降水–高程梯度是在月尺度上估计得到，月降水量的统计特征分布通常更接近于正态分布。而日尺度上，站点观测日降水量的空间插值及其不确定性估计更为复杂，这主要是因为日降水过程在空间上存在大量离散的无降雨区域，并且日降水量的统计分布多呈现高度偏态的特征。这种离散性、非正态的统计特征会严重影响到变异函数和方差的正常估计。针对日降水过程中降水区域离散化的问题，采用双克里金方法对站点观测日降水量进行空间插值，该方法将普通克里金估计流程区分为降水区域估计和降水量估计两个步骤，最终降水量插值结果表述为降水区域估计结果乘以降水量估计结果。

①首先估计降水区域。记降水指示变量为 $I(u_i)$，在发生降水的站点位置处，该指示变量等于 1，在无降水发生的站点位置处，该指示变量为 0。

$$\begin{cases} I(u_i) = 1, & \text{当 } P(u_i) > 0 \\ I(u_i) = 0, & \text{当 } P(u_i) = 0 \end{cases} \quad (2\text{-}21)$$

对降雨指示变量 $I(u_i)$ 采用 ADAW 方法进行插值，获得在该研究区任意位置的插值结果 $I(u_i)$，称该指标为降水潜力指示因子。根据降水潜力指示因子设定阈值 I_T，转换得到对降水区域的估计量 $I^*(u_i)$：

$$I^*(u_i) = \begin{cases} 1, & \text{当 } I(u_i) > I_T \\ 0, & \text{当 } I(u_i) \leqslant I_T \end{cases} \quad (2\text{-}22)$$

阈值 I_T 的取值应使最终估计的降水区域比例达到无偏，即该比例等于发生降水站点与总站点数目的比值：

$$E[I^*(u_i)] = E[I(u_i)] \quad (2\text{-}23)$$

②其次估计降水量的大小。仅采用有降雨发生的站点观测值通过 ADAW 方法进行空间插值，获得日降水量估计结果 $x_{\text{ADAW},d}(u_i)$ 与相应的估计方差 $\sigma^2_{\text{ADAW},d}(u_i)$。

③最终采用降水区域估计量 $I^*(u_i)$ 乘以降水估计结果 $x_{\text{ADAW},d}(u_i)$ 或者相应估计方差 $\sigma^2_{\text{ADAW},d}(u_i)$，获得最终日降水插值结果 $x^*_{\text{ADAW},d}(u_i)$ 和方差估计结果 $\sigma^{*2}_{\text{ADAW},d}(u_i)$：

$$x_{\text{ADAW,d}}^{*}(u_i) = I^{*}(u_i)x_{\text{ADAW,d}}(u_i)$$

$$\sigma_{\text{ADAW,d}}^{*2}(u_i) = I^{*}(u_i)\sigma_{\text{ADAW,d}}^{2}(u_i) \tag{2-24}$$

需要指出的是，本研究目前对降水发生区域的降水插值估计不确定性进行了量化，实际上降水区域识别本身还具有不确定性，这是未来需要进一步深入讨论和改进的地方。

3）基于先验分布和似然函数的估计结果，得到网格尺度的后验分布表达如下：

$$f[x(u_i)\,|\,y_1(u_i),\cdots,y_m(u_i)]$$

$$\propto \frac{1}{\sigma_{\text{ADAW}}(u_i)}\exp\left\{-\frac{1}{2\sigma_{\text{ADAW}}^{2}(u_i)}[x(u_i)-x_{\text{ADAW}}(u_i)]^2\right\} \tag{2-25}$$

$$\times \prod_{k=1}^{m}\frac{1}{\sigma_k(u_i)}\exp\left(-\frac{1}{2\sigma_k^{2}(u_i)}\{y_k(u_i)-[a_k(u_i)+b_k(u_i)x(u_i)]\}^2\right)$$

基于上式可知，降水的后验分布 $x(u_i)$ 仍服从正态分布：

$$f[x(u_i)\,|\,y_1(u_i),\cdots,y_m(u_i)] \propto$$

$$\frac{1}{\sigma_{\text{ADAW}}(u_i)}\exp\{-0.5\tau_{\text{ADAW}}(u_i)[x(u_i)-x_{\text{ADAW}}(u_i)]^2\}$$

$$\times \prod_{k=1}^{m}\frac{1}{\sigma_k(u_i)}\exp(-0.5\tau_k(u_i)\{y_k(u_i)-[a_k(u_i)+b_k(u_i)x(u_i)]\}^2)$$

$$\propto N[x_{\text{POST}}(u_i),\tau_{\text{POST}}(u_i)] \tag{2-26}$$

式中，$\tau_{\text{ADAW}}(u_i)$ 和 $\tau_k(u_i)$ 分别为先验分布和似然函数的逆方差；$x_{\text{POST}}(u_i)$ 和 $\tau_{\text{POST}}(u_i)$ 则为后验分布的均值和逆方差。

当所有参考降水 $y_k(u_i)$ 与站点观测降水 $x(u_i)$ 的相关关系均采用加法模型来表示时，式（3-25）的解析解为

$$\begin{cases} \tau_{\text{POST}}(u_i) = \displaystyle\sum_{k=1}^{m}b_k^2(u_i)\tau_k(u_i)+\tau_{\text{ADAW}}(u_i) \\[2mm] x_{\text{POST}}(u_i) = \left[\displaystyle\sum_{k=1}^{m}b_k(u_i)\tau_k(u_i)y_k(u_i)+\tau_{\text{ADAW}}(u_i)x_{\text{ADAW}}(u_i)\right]/\tau_{\text{POST}}(u_i) \end{cases} \tag{2-27}$$

当参考降水的不确定性高时，其逆方差 $\tau_k(u_i)$ 就相对较小。从式（2-27）中可知，$\tau_k(u_i)/\tau_{\text{POST}}(u_i)$ 不仅反映了该参考降水的不确定性在降水后验分布的不确定性中的占比，同时也代表该参考降水在降水融合中所分配的权重，该值越小说明该参考降水在目标网格的不确定性越大，因此分配的权重越少。

如果存在一个或多个参考降水数据 $y_k(u_i)$ 与站点数据 $x(u_i)$ 的相关关系用乘法模型表示，则式（2-27）不能直接求解。这种情况下，采用马尔科夫链-蒙特卡洛抽样方法估计 $x(u_i)$ 的均值和方差。

2.2.3　降水数据融合方法在黄土高原的应用

2.2.3.1　参考降水评价

本节在网格尺度上将 GPM IMERG-final run 产品、MSWEP 数据集与地面观测降雨进行比较。在网格尺度上，由于 0.1°的网格像素足以覆盖一个雨量站范围，因此直接将站点降雨与所在网格的卫星降雨进行比较，以避免站点插值过程中产生的额外误差。

为了定量评价 IMERG 产品的精度，采用了相对偏差（RB）、平均绝对误差（MAE）和均方根误差（RMSE）等指标以显示参考降水相对于站点降雨数据的偏差；使用相关系数（CC），以显示参考降水与站点降水之间的一致性；使用命中率（POD）、误报率（FAR）、和探测频率偏差（FB），以评估参考降水探测降雨事件的能力。命中率 POD 和误报率 FAR 值在 0 到 1 之间，POD＝1 表示完美命中，FAR＝0 表示没有误报。探测频率偏差 FB 用于检测卫星产品对降水频率的探测偏差，大于 1 的 FB 值表示对降雨估计得太频繁，反之则频率探测偏低。表 2-2 总结了各指标的定义和理想值。

表 2-2　统计指标

统计指标	计算公式	理想值
相对偏差（RB）	$RB = \dfrac{\dfrac{1}{N}\sum\limits_{i=1}^{N}(S_i - G_i)}{\sum\limits_{i=1}^{N}(G_i)}$	0
平均绝对误差（MAE）	$MAE = \dfrac{1}{N}\sum\limits_{i=1}^{N}\lvert S_i - G_i \rvert$	0
均方根误差（RMSE）	$RMSE = \sqrt{\dfrac{1}{N}\sum\limits_{i=1}^{N}(S_i - G_i)^2}$	0
相关系数（CC）	$CC = \dfrac{\sum\limits_{i=1}^{N}(G_i - \bar{G})(S_i - \bar{S})}{\sqrt{\sum\limits_{i=1}^{N}(G_i - \bar{G})^2 \sum\limits_{i=1}^{N}(S_i - \bar{S})^2}}$	1
命中率（POD）	$POD = H/(H+M)$	1
误报率（FAR）	$FAR = F/(H+F)$	0
探测频率偏差（FB）	$FB = (H+F)/(H+M)$	1

注：表中，N 表示站点的总数量；S_i 和 G_i 分别表示参考降水和地面观测降水，$\bar{S}$ 和 $\bar{G}$ 分别表示两种降水的平均值；H 表示参考降水和站点同时观测到降水事件的次数；M 表示站点观测到降水事件但参考降水没有观测到的次数；F 表示站点没有观测到降水事件但参考降水却观测到的次数。

图 2-11 显示了两种参考降水的月降雨量散点图。表 2-3 列出了各个产品的评价指标，包括相对相对偏差 RB、相关系数 CC、平均绝对误差 MAE、均方根误差 RMSE、命中率 POD、误报率 FAR 和探测频率偏差 FB。总体上，无论是 IMERG 产品还是 MSWEP 产品与站点观测降水均较为一致，IMERG-final run 产品和 MSWEP 的月降雨与站点雨量的相关系数分别为 0.85 和 0.83，MAE 分别为 12.1mm/月和 11.5mm/月，RMSE 分别为 21.7mm/月和 22.0mm/月；两种参考降水产品的降雨量与站点实测相比均有偏差，IMERG-final run 低估了降雨量 9% 左右，MSWEP 的相对偏差反而较少，高估 1%。当然，大多数研究表明经地面站点校正后的卫星降水产品相对实测的偏差应该较小。

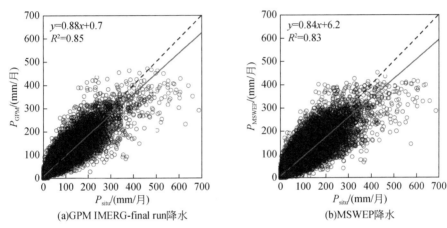

(a)GPM IMERG-final run降水　　　　　(b)MSWEP降水

图 2-11　参考降水产品的月降水与站点观测降水对比散点图

注：P_{GPM}、P_{MSWEP}、P_{situ} 分别表示 GPM IMERG-final run 产品月降雨量、MSWEP 产品月降雨量、站点月降雨量观测值，下同。

表 2-3　各参考降水产品的评价

时间尺度	参考降水产品	评价指标						
		RB	CC	MAE/（mm/月）	RMSE/（mm/月）	POD	FAR	FB
月	IMERG-final run	−0.08	0.88	12.1	21.7	1	0.07	1.07
	MSWEP	0.01	0.84	11.5	22.0	1	0.05	1.04

表 2-3 还显示了卫星产品对降水事件探测能力的评价指标，包括 POD、FAR 和 FB。结果显示，IMERG-final run 和 MSWEP 在探测降雨事件的能力上是相近的均表现良好，POD 等于 1，误报率 FAR 在 0.6 左右，但 IMERG 产品的误报率仅仅略高于 MSWEP 产品，FAR 值从 0.05 上升到 0.07。此外 IMERG-final run 产品

和 MSWEP 的 FB 值为 1 上下，表现较为优异，说明 IMERG- final run 产品和 MSWEP 均能精确地探测轻量级降雨事件。

2.2.3.2 10km 空间精度网格降水数据的生成

首先，将 DEM 数据重采样至与两种参考降水数据相同的空间精度（10km）并划分子区域（图 2-12）。之后建立站点观测数据以及相应位置处的参考降水数据的相关关系。由于黄土高原地区旱季的降水很少，在西北地区甚至接近于 0，因此两种参考降水和站点观测数据的相关关系均采用加法模型来表示。此外图 2-13 也表明加法模型适用于该研究区。

(a)重采样至10km精度后的高程分布　　　　(b)地形平滑处理40次后的高程分布

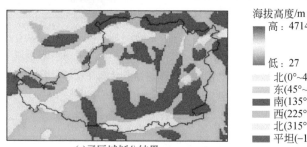

海拔高度/m

高：4714

低：27

北(0°~45°)
东(45°~135°)
南(135°~225°)
西(225°~315°)
北(315°~360°)
平坦(-1)

(c)子区域划分结果

图 2-12　研究区域的地形平滑及子区域划分结果

在加法模型中，假设地面站点观测值与相应位置处的参考降水可以用线性模型估计。根据式（2-13），基于每一个站点观测数据与对应位置处的参考降水数据建立线性回归模型，得到每一个站点处的相关关系与 $a_k(u_i)$，$b_k(u_i)$，和 $\sigma_k(u_i)$ 参数值之后，基于站点值将三个参数空间插值到其余网格。空间插值方法采用距离方向权重（ADW），两套参考降水与站点观测数据的斜率的空间插值结果如图 2-13 及 2-14 所示。

图 2-13 和 2-14 给出了加法模型中参考降水与地面观测降水所建立的线性关系的斜率。结果表明在月尺度上，两套参考降水在研究区的西部均存在不同程度

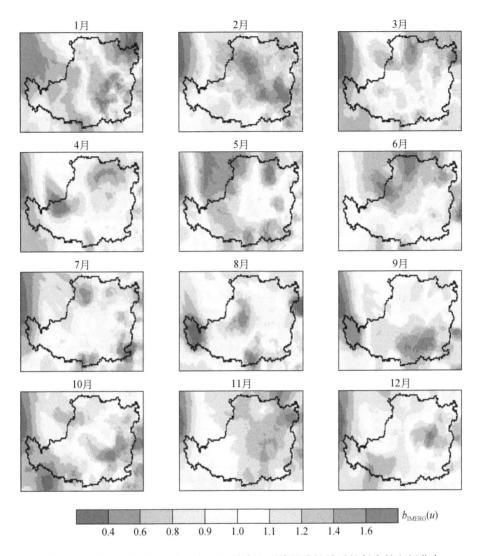

图 2-13 IMERG-final run 产品与地面站点观测值的线性关系的斜率的空间分布

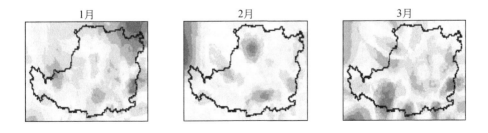

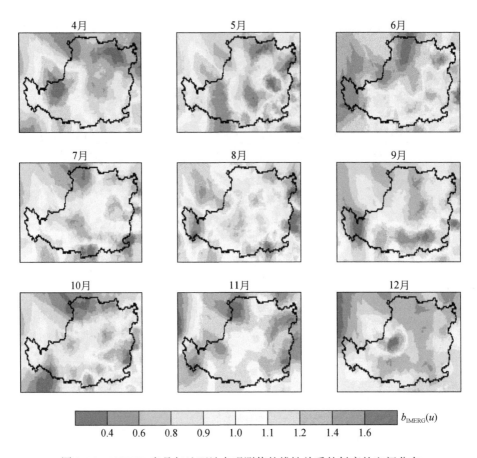

图 2-14　MSWEP 产品与地面站点观测值的线性关系的斜率的空间分布

的低估,而在东部地区则普遍高估。参考降水与地面观测站点的线性关系的斜率主要分布在 0.8~1.2,验证了加法模型在描述参考降水和站点观测数据的相关关系中的适用性。

图 2-15 展示了黄土高原地区 2014 年 10 月的多源降水融合结果。结果表明,

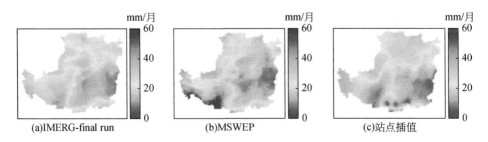

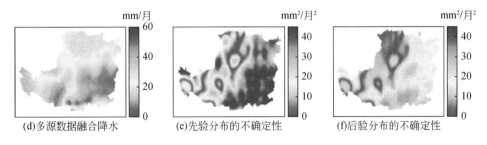

(d)多源数据融合降水　　　　(e)先验分布的不确定性　　　　(f)后验分布的不确定性

图 2-15　基于贝叶斯模型的多源降水融合结果

与站点插值结果（先验分布）的不确定性相比，基于贝叶斯融合方法（后验分布）得到的不确定性能够显著的降低。不确定性降低的地区主要位于黄土高原的西部以及东南部地区，而其余地区的不确定性基本保持不变。

图 2-16 采用研究区的独立站点（共 37 个）进行月降水融合结果的验证。结果表明，当研究区内站点足够多时，无论是直接由站点观测空间插值得到降水空间分布还是基于贝叶斯模型的融合降水均与独立站点的观测降水相近，均显示了很小的误差值和较高的 R^2，其中贝叶斯融合降水的相对偏差（RB）、平均绝对误差（MAE）、均方根误差（RMSE）和 R^2 均高于站点插值结果（表 2-4）

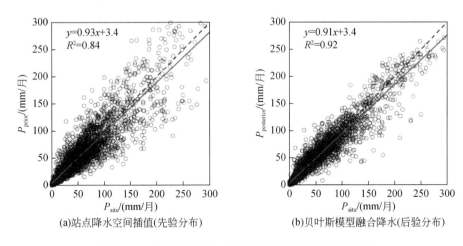

(a)站点降水空间插值(先验分布)　　　　(b)贝叶斯模型融合降水(后验分布)

图 2-16　基于研究区独立站点的月降水融合结果验证

以上结果表明，基于降水空间分布数据估计降水–高程关系，并基于站点观测数据进行校正，进而基于降水–高程关系修正地形对降水的影响，从而更合理地估计降水的空间分布。当研究流域缺乏高空间分辨率的降水数据以及足够的站点验证数据时，降水–高程关系的估计可能具有较大的不确定性。这种情况下采用基于贝叶斯原理的降水数据融合方法估计降水的不确定性，并据此估计融合降水的均值和不确定性。多源降水数据融合方法特点见表2-5。

表2-4　基于研究区独立站点的月降水融合结果评价

时间尺度	降水	评价指标			
		RB	CC	MAE/（mm/月）	RMSE/（mm/月）
月	先验分布	−0.01	0.93	11.5	20.4
	后验分布	0.008	0.91	7.9	14.1

表2-5　多源降水数据融合方法特点

项目	基于降水–高程关系的降水空间插值方法	基于贝叶斯原理的融合方法
适用条件	适用于具有高空间分辨率降水数据以及地面站验证信息的情况	基于任何降水数据，在任何研究地区都适用
降水–高程关系的估计	基于降水空间分布数据和地形数据估计，经站点数据校正	基于站点数据和地形数据估计
是否能够估计降水融合结果的不确定性	否	是

2.3　小　　结

地形对于降水分布的影响的显著程度受到时间尺度的影响。当时间尺度较长时（月尺度、年尺度），地形因素的影响更为显著。基于站点观测的验证结果表明，考虑地形要素特别是高程及坡向变化对降水空间分布的影响有助于获取复杂地形条件下的面雨量。

本章提出的基于地形修正的降水空间插值方法基于降水空间分布数据估计降水–高程关系，并基于站点观测数据进行校正，进而通过降水–高程–坡向关系修正地形对降水的影响，从而更合理地估计降水的空间分布。当研究流域缺乏高空间分辨率的降水数据以及足够的站点验证数据时，降水–高程关系的估计可能具有较大的不确定性。这种情况下采用基于贝叶斯原理的降水数据融合方法估计不同降水的不确定性，并据此估计融合降水的均值和不确定性。

第3章 数值天气预报产品的空间降尺度方法及其应用

将数值天气预报产品与水文模型耦合是提高洪水预报预见期的一个重要手段。经过过去几十年的发展，天气预报模型的时空分辨率和预报精度都有了很大的提高。但目前大气环流模式的精度仍然十分有限，尤其是其分辨率与水文模拟尺度并不匹配，难以直接运用到流域尺度洪水预报当中。因而人们尝试通过使用降尺度或校正的手段来提高降水预报产品的分辨率和精度。降尺度的方法主要有动力降尺度和统计降尺度，动力降尺度物理意义明确，但其计算量大，建模复杂，短期内难以大规模推广应用；传统统计降尺度方法简明易懂，计算简便，但其缺乏物理机制，且对预报降雨的改进有限。为了拓展数值天气预报降水在实时洪水预报中的适用性，本章提出了一种新的统计降尺度方法来提高季风区全球大气环流模式的降水预报精度；该方法中使用了卷积结构和长短期记忆（LSTM）神经网络的递归模块构建了一种新的深层神经网络，应用求解较好的大气动力场相关变量作为预报因子来估测降雨。进而将该方法应用于中国西南的湘江流域，并从不同角度验证方法的效果：①通过对照实验分析不同预报因子对降雨预测准确性的影响；②通过与传统的统计降尺度方法比较分析其效果；③将方法应用于降雨预报中进一步验证其效果；④将方法应用于水文模拟中评价其适用性。

3.1 降尺度方法及使用数据

3.1.1 卷积神经网络

卷积神经网络（convolutional neural networks，CNNs）是一种特殊的深层神经网络。对于常规的神经网络，输入和输出之间的统计联系是通过神经元的层次连接完成的。每个神经元都是一个计算单元，它接收一些输入，执行一个点积运算，并且通常还会进行一个非线性变换。对于监督学习问题（即分类和回归），该方法通过比较模型输出的估计值和观测值，从而计算出一个损失函数。神经网络的参数就可以通过利用梯度下降最小化损失函数来训练，这就是所谓的反向传播训练。

与全连接网络不同，CNN 涉及两种特殊的矩阵运算：一是卷积层（convolutional layer），二是池化过程（pooling layer）。一个卷积层中的计算单元仅仅与上层输入的部分数据相连接，这部分数据通常被称为感受野。每个神经网络层中的所有计算单元共享相同的筛选器。该方法极大地减少了网络中的参数数量，从而极大提高运算效率并使得运用层数更多的神经网络成为可能。通常，在卷积层之后大多会应用非线性函数作进一步转换（例如 rectified linear unit 以及 hyberbolic tangent 等；Krizhevsky et al., 2012）。由于构成某一具体图像的部分特征值的相对位置可能变化浮动，需要通过粗化每个特征值的具体位置来获取更可靠的图像信息。这一过程是采用池化层来实现的，它能够将一些相似的局部特征值合并为同一个（Lecun et al., 2015）。典型的池化层将特征图划分为一系列不相互重叠的矩形区域，并计算每个子区域中的最大值或平均值（deep learning tutorials）。CNN 的主要原理如图 3-1 所示。

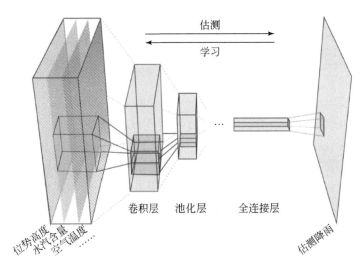

图 3-1　卷积神经网络原理示意图

为了减少过拟合问题，本书研究还采用了随机失活（dropout）和分批归一化方法（batch-normalization）。随机失活指在训练过程中，根据事先确定的概率，随机将部分隐含层的权重或输出归零，从而避免节点间的过度依赖（Hinton et al., 2012）。分批标准化通过将各隐含层的输入进行标准化处理（通常是正态化），从而缓解内部协变量转移的现象，进而避免梯度消失的问题（Ioffe and Szegedy，2015）。本书研究中，CNN 是在 python 软件包下的 TensorFlow 平台中构建的（Abadi et al., 2016）。以降水模拟与观测之间的均方误差（MSE）作为损失函数，采用基于 ADAM 梯度的优化器将损失函数降到最小。图 3-2 显示了在本书研究中使用的 CNN 网络的结构。

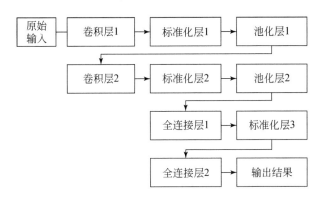

图 3-2 卷积神经网络结构示意图

3.1.2 耦合卷积神经网络与长短期记忆神经网络

长短期记忆神经网络（long short term memory networks，LSTM）（Hochreiter and Schmidhuber，1997）是一种特殊类型的递归神经网络（recurrent neural networks，RNN）。RNN 包含允许过去信息影响当前输出的反馈连接，因此对于涉及时序输入的问题非常有效（Lecun et al.，2015）。LSTM 作为传统 RNNs 的扩展，引入了一种特殊的所谓的记忆单元（memory cell），它可以充当累加器的作用，能够学习序列中的长期依赖关系，并使得优化更容易。这一记忆单元是自连接的，能够复制自身的实值状态以及外部累积输入。同时，每个单元由另外的三个乘法单元（multiplicative units）控制，包括输入门、输出门和遗忘门，这些门用以确定是否忘记过去的单元状态或是否将输出传递到最后一个状态。这种结构使得 LSTM 相较传统的 RNN 网络能够存储和处理更长期的信息。参照 Graves（2013）的工作，上述结构可以用式（3-1）表示：

$$
\begin{aligned}
i_t &= \sigma(W_{xi}x_t + W_{hi}h_{t-1} + W_{ci}c_{t-1} + b_i) \\
f_t &= \sigma(W_{xf}x_t + W_{hf}h_{t-1} + W_{cf}c_{t-1} + b_f) \\
c_t &= f_t c_{t-1} + i_t \tanh(W_{xc}x_t + W_{hc}h_{t-1} + b_c) \\
o_t &= \sigma(W_{xo}x_t + W_{ho}h_{t-1} + W_{co}c_t + b_o) \\
h_t &= o_t \tanh(c_t)
\end{aligned}
\tag{3-1}
$$

其中，x、t 分别表示输入项和时间；i，f，o 分别表示输入门、遗忘门和输出门；c 表示记忆单元；σ 是逻辑斯蒂 S 曲线函数（logistic sigmoid function）；h 是隐含层向量；W 和 b 是各个门的矩阵参数和误差项。

CNN 擅长处理与空间相关的数据，而 LSTM 擅长处理时序相关的数据。这两种方法的结合可以充分利用各自的优点。为此，可以使用卷积层提取原始输入的空间特征，然后将它们作为 LSTM 网络的输入进行训练（以下简称为 ConvLSTM 网络），结构如图 3-3 所示。在本章中，模型使用过去 7 天的预报因子来估测当日降雨。卷积层的结构和 3.1.1 中设置的一样，而在 LSTM 中，模型设置了 400 个隐含层。ConvLSTM 同样是在 python 平台下通过 tensorflow 库实现的（Abadi et al.，2016）。

图 3-3　ConvLSTM 网络结构示意图

3.1.3　支持向量机

支持向量机（support vector machine，SVM）是 Vapnik（1995）首次提出的用于线性二元分类的方法。SVM 算法的原理是通过最大化两种不同类别边界上的点的间距来寻找不同分类之间的最优分离超平面解（Sehad，2016）。这些点被俗称为支持向量，间距的中间值即为最优超平面解。

在支持向量机回归问题当中，某一输入 X 首先会被映射到某一高维空间当中，然后可以在这一高维空间中构建线性模型来进行求解（Cover，1965；Smola，1996）：

$$f(X,w) = \sum_j w_j g_j(X) + b \tag{3-2}$$

式中，g_j 表示一系列非线性变换过程，w 和 b 是待率定的模型参数。根据 Vapnik（1995）的研究，可以定义一个特殊的 ε 和不灵敏的误差函数 $L_\varepsilon[y, f(X, w)]$ 关系如下：

$$L_\varepsilon[y, f(X,w)] = \begin{cases} 0 & \text{if } |y-f(X,w)| < \varepsilon \\ |y-f(X,w)| - \varepsilon & \text{otherwise} \end{cases} \tag{3-3}$$

则经验风险 R_{emp} 可按照下式计算：

$$R_{emp}(w) = \frac{1}{n} \sum_{i=1}^{n} L_\varepsilon[y_i, f(X_i, w)] \tag{3-4}$$

采用 Haykin 和 Network（2004）的正则化理论，引入（非负数）的松弛变量 ξ_i，ξ_i^* 来度量 ε 和不灵敏区外的训练样本的偏差程度，则参数 w 和 b 可以按照式

（3-5）通过最小化误差函数来确定：

$$\min \frac{1}{2}\|w\| + C\sum_{i=1}^{N}(\xi_i + \xi_i^*)$$

$$\text{s. t.} \begin{cases} y_i - f(X,w) \leqslant \varepsilon + \xi_i \\ -y_i + f(X,w) \leqslant \varepsilon + \xi_i^* \\ \xi_i \geqslant 0 \\ \xi_i^* \geqslant 0 \end{cases} \tag{3-5}$$

式中，C 是某一固定的正实数。这一最优化问题可以通过拉格朗日乘子算法
（method of Lagrangian multipliers）进行求解（Haykin and Network，2004）：

$$w = \sum_{i=1}^{N}(\alpha_i - \alpha_i^*)g(X_i) \tag{3-6}$$

式中，α_i 和 α_i^* 是拉格朗日乘数，是某一正实数。

在支持向量机的训练过程之前，需要确定的参数有表示对误差宽容度的惩罚系数 C；核函数类型；参数 Gamma 等。C 过高可能导致过拟合问题，而 C 过低容易欠拟合，均会使得模型泛化能力变差。核函数的选取直接影响支持向量机的效果。Gamma 是径向基核函数（radial basis function，RBF；也被称为高斯核函数）的参数，Gamma 间接决定了支持向量的数量，Gamma 太高，模型将只作用于支持向量附近，导致出现过拟合现象，反之则可能引起太大的平滑效应，影响训练准确率。在本书研究中，支持向量机模型是通过 python 平台下的 Sklearn 软件包（Pedregosa et al.，2011）实现的。上述参数是通过网格搜索（grid search）（Baesens et al.，2002）的方式确定的，本书研究最终确定的是采用径向基核函数，C 取值为 10，Gamma 取值为 0.001。

3.1.4 分位数校正方法

分位数校正方法（the quantile mapping method，QM）（Panofsky and Brier，1968），是一种相对简单的降尺度或校正方法，已成功地应用于许多水文研究当中（Boé et al.，2007）。它使用观测降水的累积频率曲线来校正模拟的降雨，使得校正后的降雨和观测降雨拥有相同的累积频率曲线。分位数校正方法的原理如图 3-4 所示。对于每一个网格，首先可以分别计算模拟降水的累积频率函数 CF_{sim}（p）和实测降水的累积频率函数 $CF_{obs}(p)$。对于验证期内一个特定的降水 Pre_{vali}，便可以计算其在 $CF_{sim}(p)$ 上的频率为 $CF_{sim}^{-1}(Pre_{vali})$。然后在实测降水累积频率函数 $CF_{obs}(p)$ 中，该频率下对应的实测降雨量就是修正后的降雨值 $CF_{obs}[CF_{sim}^{-1}(Pre_{vali})]$。

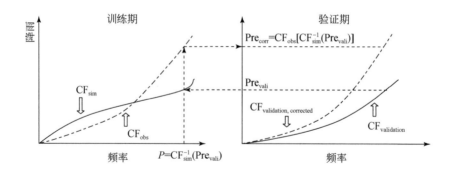

图 3-4 分位数校正方法的说明

注：Pre_{corr}指修正后的降雨值；$CF_{validation,corrected}$指验证期修正后的累积频率函数；
$CF_{validation}$指验证期的累积频率函数。

3.1.5 研究区域与使用的数据

本章的研究区域选取为湘江流域衡山站以上部分，衡山站以上的流域面积为65 748km²，如图 3-5 所示。流域位于湖南省东南部，范围为 109.27°E ~ 114.99°E，23.98°N ~ 28.64°N。流域位于亚热带季风区域，年降水量约为 1366mm。流域内降雨的季节差异明显，主要集中在 4 ~ 9 月。流域的年径流量约为 822mm。湘江

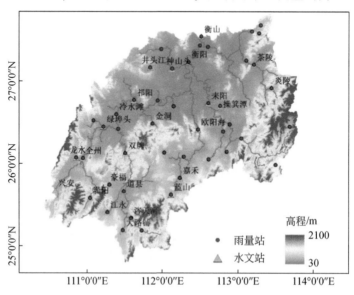

图 3-5 湘江流域地形及水文站、雨量站分布

流域地形复杂，研究范围内高程跨度从海拔 30m 到 2097m。其中南部流域多山区，坡度较陡，多深山峡谷，经常遭受山洪灾害；北部则主要为平原区。预报目标值的范围为 115°E ~ 120°E，24°N ~ 28°N。考虑到预报目标周边的气象因子均对其有一定影响，预报因子的空间范围比预报目标要大一些，具体为 106°E ~ 125°E，20°N ~ 33°N。

用于训练和验证降尺度方法的数据包括实测降雨数据和用于估测降水的预报因子。实测数据采用的是国家气象信息中心（Shen and Xiong, 2015）发布的中国逐日网格降水量实时分析系统（1.0 版）数据集，该数据集的时间分辨率为一天，空间分辨率为 0.25°×0.25°（http://data. cma. cn）。本书研究选择了欧洲中尺度天气预报中心（European Centre for Medium Range Weather Forecasts, ECMWF）的再分析数据 ERA-Interim（Dee et al., 2011）产品，作为估算降水的预报因子，它的时间分辨率为 1 天，空间分辨率为 0.75°×0.75°。本书研究使用的潜在预报因子包括以下大气环流变量：平均海平面气压（mean sea level pressure, MLS）、总水汽含量（total column water, TCW）、对流有效势能（the convective available potential energy, CAPE）；以及 500/700/850/925/1000 hPa 处的位势高度（geo-potential height, GH）、纬向风速（U wind component, UW）、经向风速（V wind component, VW）、垂直风速（Vertical velocity, VV）、气温（air temperature, T）、位势涡度（potential vorticity, PV）等。有关变量的详细说明可在网站（https://apps. ecmwf. int/codes/grib/param-db）中找到。具体预报因子的选择将通过试错法来确定。

为了进一步验证本章提出的降尺度方法的有效性，使用了 subseasonal to seasonal（S2S）计划下的 ECMWF 回顾式预报（hindcast）产品（Vitart et al., 2017）。该产品中包含有与 ERA-Interim 相同的预报因子。S2S-ECMWF 回报模型根据实测的气象状态进行初始化，此后迭代地预测接下来一段时间的气象变化，不再额外添加其他的边界约束条件。该模型在 1995 ~ 2016 年的每一个星期一和星期四分别运行一次，以预测未来 46 天的天气演变。模型使用了 11 个集合预报模式。该模型与海洋模型耦合，但没有耦合海冰模式。在验证期内，共有 1869 次回报实验。

本书使用的其他的数据还包括用于构建分布式水文模型的地理信息数据，及其率定验证时用到的流量数据、气象数据等，分别介绍如下。

（1）站点雨量观测数据

本书研究采用了水利部水文局提供的 2015 年 4 月 1 日至 2017 年 4 月 30 日期间 39 个自动雨量观测站（图 3-5）的逐时降雨数据，此数据主要用于评估 GPM 卫星降雨产品。此外，本书研究还收集了国家气象中心发布的中国逐日网格降水量实时分析系统（1.0 版）数据集（Shen and Xiong，2015），它是由站点观测降雨插值而来的网格数据，空间分辨率为 0.25°×0.25°，时间分辨率 1 天。这套数据主要用于分布式水文模型的率定和验证，并将模型的初始状态更新到 2015 年 4月 1日，以便于后续的水文模拟。

（2）卫星观测降雨

全球降水观测计划（Global Precipitation Mission，GPM）是继 TRMM 之后新一代的全球卫星降水观测，旨在提供 0.1°空间分辨率和半小时时间分辨率的下一代全球降雨和降雪产品（Hou et al.，2014）。GPM 由一个核心观测站和 10 个卫星群组成。核心观测站于 2014 年 2 月 28 日由美国国家航空和航天局（NASA）和日本宇宙航空研究开发机构（Japan Aerospace Exploration Agency，JAXA）发射，它搭载了一个具有 Ku 波段和 Ka 波段（分别为 13GHz 和 35GHz）的双频星载降水雷达（DPR），以及多波段（10～183GHz）的锥形扫描微波成像仪（GMI）。该传感器使 GPM 拥有比 TRMM（Tropical Rainfall Measuring Mission）更强的探测能力，并能够有效探测微弱降水（<0.5mm/h）和固态降水（Hou et al.，2014）。

GPM 提供了 4 个级别的数据产品（Hou et al.，2014）。其中 GPM 综合多卫星反演算法（integrated multi-satellite retrieval for GPM，IMERG）将提供第三级产品，旨在校准、融合、内插 GPM 卫星的微波观测、红外观测、地面观测以及其他所有可用观测信息以获得最精确的降水估计。该产品是一种空间和时间分辨率为 0.1°、半小时的网格化降水产品（Huffman et al.，2010）。IMERG 系统提供了以下 3 个不同校准水平的降水产品：①"early run"是一个准实时的产品，大约在观测后 4 小时可用；②"late run"也是准实时产品，在观测后大约 12 小时可获取；③"final run"是地面校正产品，在观测后大约 2 个月可用。Early run 产品和 late run 产品是根据每月气候校准图进行率定的，区别在于 early run 产品只进行了向前的校准，而late run 产品同时进行了向前校准和向后校准。GPM 相较其先驱产品 TRMM 的一个主要区别在于 GPM 能够同时考虑双频星载雷达 DPR 和 GPM 微波图像，实时地生成一组合数据集（GPM combined instrument，GCI）；而在 TRMM 的实时产品中，只能使用 TRMM 微波图像（TRMM microwave imager，TMI）来代替。final run 产品则进一步根据全球降水气候中心（global precipitation climatology center，GPCC）发布的地面观测月降雨量进行调整。IMERG 的 early run、late run、final run 产品分别从 2015 年 4 月 1 日、2015 年 3 月 7 日和 2014 年 3 月开始提供。这些产品可以从 PMM网站（http://pmm.nasa.gov/data-access/downloads/gpm）下载。本书研究中使用的 final run 为 V06A 版本，early run 和 late run 为 V05B 版本。

为了比较 GPM 产品性能较其先驱产品 TRMM 的提升程度，研究中还收集了基于 TRMM 卫星的 TRMM multisatellite precipitation analysis（TMPA）降水产品，该数据可从美国宇航局网站 NASA archives（ftp：//disc2. nascom. nasa. gov/data/trmm）下载。它同样分为卫星标准产品 3B42RT 以及地面校正后产品 3B42V7 两种，空间分辨率为 0. 25°×0. 25°，时间分辨率为 3 小时。

（3）其他数据

其他数据包括用于建立分布式水文模型的地理信息数据、用作水文模型输入的气象数据以及用于率定和验证水文模型的流量数据。流域地形采用空间分辨率为 90m 的数字高程模型（DEM）表示，DEM 数据从 SRTM 数据库（http：//srtm. csi. cgiar. org）下载。土壤属性取自面向陆面过程模型的中国土壤水文数据集（Dai et al.，2015）。土地利用数据来源于中国西部环境与生态科学数据中心（http：//westdc. westgis. ac. cn/），分辨率为 100m。

本章从水文年鉴中获取了衡山水文站 2007～2013 年的日流量资料，用于水文模型的率定验证。此外，还有中国水利部水文局提供的 2015 年 1 月 1 日至 2017 年 4 月 30 日期间流域内 25 个水文站的逐小时流量数据（水文站分布如图 3-5 所示）。

每日气象资料来自中国气象局发布的中国地面气候资料日值数据集（V3. 0），包括降水量、平均气温、最高气温、最低气温、日照时数、风速和相对湿度数据等，主要用于水文模型中根据 Penman 公式（Penman，1948）估算潜在蒸发量。

3.2　降尺度方法效果评估

本节中，评价了 3. 1 节中介绍的几种方法在降尺度数值天气预报降雨中的效果。评价的指标主要包括相关系数 CC，相对偏差 RB，以及均方根误差 RMSE。除特殊强调外，各指标均为 0. 25°网格单独计算，然后取流域内所有网格的平均值。各指标的计算公式如下：

$$\mathrm{RB} = \frac{\sum_{i=1}^{N} (P_i - G_i)}{\sum_{t=1}^{T} G_i} \tag{3-7}$$

$$\mathrm{RMSE} = \sqrt{\frac{1}{N} \sum_{i=1}^{N} (P_i - G_i)^2} \tag{3-8}$$

$$\mathrm{CC} = \frac{\sum_{i=1}^{N} (G_i - \bar{G})(P_i - \bar{P})}{\sqrt{\sum_{i=1}^{N} (G_i - \bar{G})^2 \sum_{i=1}^{N} (P_i - \bar{P})^2}} \tag{3-9}$$

式中，P_i 和 G_i 分别表示估测降水和实测降水，N 为网格序号，$\bar{G}$ 为实测降水的平均值；$\bar{P}$ 为估测降水的平均值。

3.2.1 不同预报因子的效果评估

降尺度模型的效果与预报因子的选取十分相关。在过去的研究中，许多预测因子被用于降水降尺度，如位势高度，海平面气压，地转涡度，以及风速等。预测因子的选择因研究区域、大气环流特征、季节和地貌特征而异。因而本节设计了四组不同的实验来评价不同预报因子的降尺度效果。为了剔除不同训练方法的影响，本节中几组实验统一固定使用卷积神经网络方法进行训练。模型均以1979~2002 年为训练期，以 2003~2016 年为验证期。第一组实验中，选择了海平面气压作为预报因子；第二组实验中，选择 500/700/850/925/1000hpa 处的位势高度作为预报因子；第三组实验中，以位势高度和总水汽含量为预报因子；第四组实验中，选取尽可能多的气象变量作为预报因子，包括总水汽含量、对流可用位能、平均温度、径向风速、纬向风速，以及 500/700/850/925/1000hpa 处的位势高度场、位势涡度场、垂直风速场等。

四组实验的结果如表 3-1 所示，模拟结果与实测降雨对比的散点图如图 3-6所示。可以看到，实验组 1~4 中，训练期的所有指标均明显优于验证期结果。对于训练期，由于 CNN 结构中设置的隐含层数较多，训练时总可以通过不断减小待率定变量的学习率（learning rate），提高训练次数，使得训练期的模拟降雨与实测降雨几乎完全一致。但这种情况下反而会导致过拟合状况的出现，因此在后续的讨论中主要关注验证期的模拟结果。

表 3-1 使用不同预报因子的四组实验模拟结果

实验组	预报因子	训练期（1979~2002）			验证期（2003~2016）		
		CC	RB/%	RMSE/（mm/d）	CC	RB/%	RMSE/（mm/d）
0	ERA-Interim 预报降雨	0.31	16.53	11.16	0.29	12.75	11.48
1	sfc	0.69	4.73	7.42	0.54	5.53	8.86
2	gp	0.79	4.46	6.2	0.66	4.08	7.93
3	gp, tcw	0.85	2.27	5.36	0.69	1.87	7.54
4	gp, tcw, tem, u wind, v wind, cape, vv, pv	0.94	3.08	3.4	0.72	6.92	7.28

注：sfc 为海平面气压；gp 为位势高度；tcw 为总水汽含量；tem 为气温；u wind 为南北向水平风速；v wind 为东西向水平风速；cape 为对流可用位能；vv 为垂直风速；pv 为位势涡度。

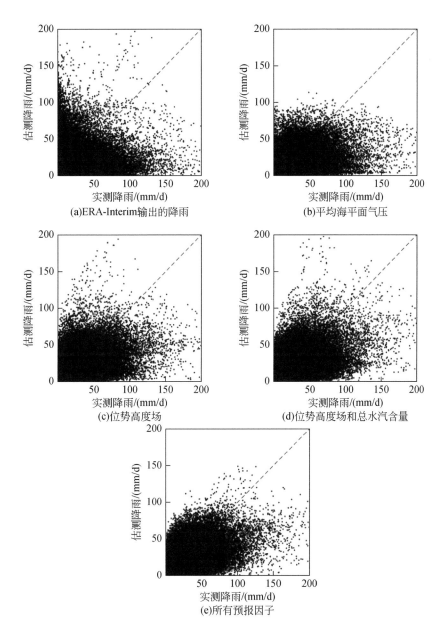

图 3-6 使用不同预报因子的估测日降雨与实测日降雨的对比图

实验组 0 表示 ERA-Interim 直接输出的预报降雨，在训练期和验证期中，其与实测降雨的相关系数仅 0.31 和 0.29，降雨量偏高 16.53% 和 12.75%，均方根误差达 11.48mm/d，可见 ERA-Interim 直接输出的预报降雨的效果较差。散点图中结果同样表明该模拟降雨的效果较差。

实验组 1~4 与实测降雨的相关系数均显著高于 ERA-Interim 直接输出的结果。具体而言，使用海平面平均气压为预报因子的实验组 1，验证期模拟结果与实测降雨的相关系数为 0.54；虽然相关系数指标有所提升，但从其散点图中可以看出，其与实测降雨的相关系数仍然较低，且明显不能够模拟所有的高强度降雨。使用位势高度为预报因子的实验组 2，验证期的相关系数为 0.66，相较实验组一有明显提高，且散点图表明模型已经能够较好地模拟高强度降雨；使用不同气压处的位势高度相当于是提供了不同海拔高度处的气压，能够提供更多的气象信息，而 CNN 的结构又能有效的利用这些信息，因此模拟效果能够得到有效提升。实验组 3 中同时使用位势高度和总水汽含量作为预报因子，其相关系数进一步提升至 0.69。使用 3.1.5 节中所有变量作为预报因子的实验组四，验证期的相关系数最高，达 0.72。经实验组 1~4 校正后，模拟降雨与实测降雨的相对偏差（RB）明显降低，在 1.87%~6.92%。其中以位势高度场和总水汽含量作为预报因子的实验组 2 相对偏差最低，仅为 1.87%。均方根（RMSE）指标的结果与相对偏差类似，实验组 1~4 校正后的均方根误差均在 7mm/d 左右，较 ERA-Interim 直接输出降雨的 11.48mm/d 有明显降低。

综上所述，尽可能多地加入更多的大气环流变量作为预报因子，有利于提高降尺度降雨的精度；在所有气象变量当中，位势高度场可能是最重要的预报因子；综合准确性和模型训练繁琐度，本研究认为位势高度场和总水汽含量作为是较为合理的预报因子组合。

3.2.2 不同预报方法的效果评估

本节比较了不同训练方法用于降尺度中的模拟效果。为了剔除不同预报因子的影响，除分位数校正方法使用 ERA-Interim 输出降雨作为预报因子外，所有实验组均统一使用位势高度和总水汽含量作为预报因子。模型仍然以 1979~2002 年为训练期，以 2003~2016 年为验证期。

几组实验组中，实验组 5 以分位数校正方法为训练方法；实验组 6 以卷积神经网络 CNN 作为训练方法；实验 7 以支持向量机 SVM 为训练方法；实验 8 以 ConvLSTM 网络作为训练方法。模拟的结果如表 3-2 和图 3-7 所示。

实验组 5 使用的是传统的分位数校正方法，它虽然一定程度上改善了 ERA-Interim 直接输出的预报降雨，但提升效果比较有限，验证期相关系数 CC 仅 0.54，均方根误差 RMSE 也比较高，为 10.01mm/d。从散点图中也可以看出，频率匹配方法校正后的降雨与实测降雨的一致性仍然较差。值得一提的是，实验 5

表 3-2 使用不同训练方法的四组实验模拟结果

实验组	方法	训练期（1979～2002 年）			验证期（2003～2016 年）		
		CC	RB /%	RMSE/ (mm/d)	CC	RB /%	RMSE/ (mm/d)
0	ERA-interim	0.31	16.53	11.16	0.29	12.75	11.48
5	QM	0.54	0.21	9.77	0.54	-2.82	10.01
6	CNN	0.85	2.27	5.36	0.69	1.87	7.54
7	SVM	0.70	2.31	7.33	0.65	-5.05	7.91
8	ConvLSTM	0.85	2.27	5.36	0.73	1.73	7.17

注：（5）频率校正方法 QM；（6）CNN 网络；（7）支持向量机，（8）ConvLSTM 网络。

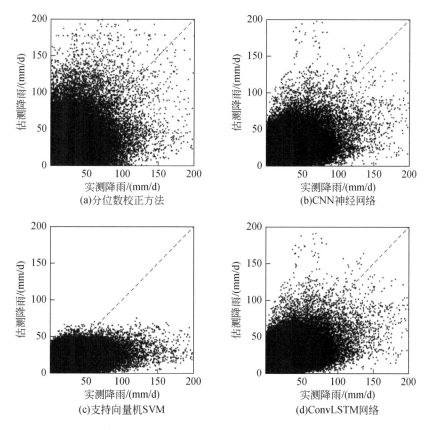

图 3-7 使用不同训练方法的估测日降雨与实测日降雨的对比

在训练期和验证期的模拟结果较为接近，原因可能是其模型结构简单，模型参数较少，不易产生过拟合等现象；而在使用其他复杂结构的模型时，则需要注意避免过拟合的问题。实验组 6 同 3.2.1 节中的实验组二，在此不再赘述。实验组 7 以支持向量机为训练方法，CC、RB 和 RMSE 指标分别为 0.65、−5.05% 和 7.91mm/d。尽管单从指标来看实验组 7 的结果与实验组 6 较为接近，但从散点图中可以看出，该方法几乎无法模拟高强度的降雨，这极大地限制了其在水文模拟中的适用性。尽管一些以往的文献声称 SVM 可以很好地用于降雨的降尺度，但该研究中的降雨强度大多不超过 25mm/d。如果使用流域平均降雨绘制散点图，则 SVM 可以提供较好的结果（图 3-8）。实验组 8 以 CNN 耦合 LSTM 的 ConvLSTM 为训练方法，其模拟效果较单独使用 CNN 得到进一步提高，验证期模拟结果与实测降雨的相关系数 CC 达 0.73，相对偏差 RB 仅 1.73%，均方根误差 RMSE 也进一步下降为 7.17mm/d。

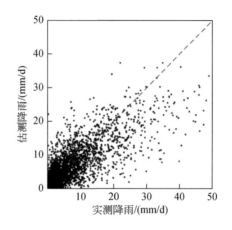

图 3-8　流域平均降雨估测值与实测值的对比

　　综合以上分析，均使用位势高度和总水汽含量作为预报因子时，使用 CNN 耦合 LSTM 作为训练方法能得到最好的模拟效果，CNN、SVM 和 QM 方法的模拟效果次之。

3.2.3　在预报降雨中的效果

　　由于混沌效应的存在，大气环流模式的预报能力随着预见期的增加而迅速降低。为了进一步验证本章建立的方法在降雨预报中的稳定性，本节选取次季节−季节（S2S）预测计划框架下的 ECMWF 的回报（hindcast）产品（Vitart et al.，2017）作进一步验证。对于回报模型，模型以当时观测的实际天气状况进行初始

化，然后不加额外边界条件的情况下预报接下来一段时间的天气状况。ECMWF
回报产品中，模型在 1995～2016 年的每周一和每周四重启一次，以预报接下来
46 天的天气演变状况。该产品中共有 11 种集合预报模式（1 个控制组合 10 个扰
动组），其产品精度同样为 0.75°×0.75° 和一天。在验证期的时间段（2003～
2016 年）内，总共有 1869 场回报实验。更详细的模型设置介绍可参见（Vitart
et al., 2017）。

为了简化计算，本节中仅以 500/700/850/925/1000hpa 处的位势高度场和总
水汽含量作为预报因子，以 ConvLSTM 为训练方法。对于 11 种预报模式，分别
用降尺度模型校正其输出结果，并取 11 种校正结果的平均值作为最终结果，来
与实测降水进行对比。

校正前、后的预报降雨精度对比的结果如图 3-9 所示，其显示的是 ECMWF
回报产品和/或降尺度校正后的降水与实测降水的相关系数随预见期的变化。可
见，在预见期 1～15d 之内，校正后产品的效果始终优于 ECMWF 回报产品的直
接输出结果。在预报期为一天时，校正产品与实测降水的相关系数为 0.58，略低
于 3.2.1 节中实验组 8 的 0.73，但明显优于 ECMWF 回报产品（与实测降水的相

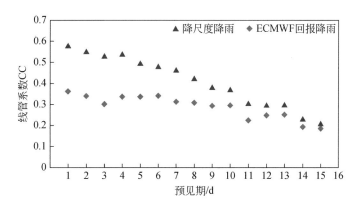

图 3-9　ECMWF 回报降雨和降尺度后降雨与站点实测降雨
相关系数随预报时间的变化

关系数为 0.36），校正产品与 ECMWF 汇报产品相较于实测降水的相关系数差值
为 0.22。校正产品和 ECMWF 回报产品与实测降水的相关系数均随预见期的延长
而迅速下降，在预报期达 15d 时，校正产品与实测降水的相关系数降至 0.21，
ECMWF 回报产品与实测降水的相关系数降至 0.19，相关系数仅相差 0.02。

综上所述，以相关系数 CC 为指标，在 1～15d 的预报期内，校正模型相对
ECMWF 回报产品始终占优，但随着预报时间的延长，校正模型的优势逐渐降低，
在预报期达到 15d 时，几乎丧失优势。

降水的预报误差主要来自两个方面，一是在动态演化过程中大气环流模式本身自带的误差，二是从大气环流模式模拟结果中进一步预报降雨时，对未解决的尺度物理过程的不完全描述而引起的参数化误差。校正模型一定程度上减少了降水的第二种误差来源，因为该方法使用了局地实测降雨作为训练目标，同时ConvLSTM或其他训练方法均采用一种自上而下的结构，模型本身可能更稳定。在预报时间较短时，降雨的两种误差来源均占据一定地位，因而校正模型相较于数值天气预报直接输出结果具有显著优势；随着预报期的延长，由于混沌效应的存在，一种误差逐渐成为主导存在，另一种误差近乎可以忽略，因而校正后降雨与数值天气预报直接输出产品之间的差距越来越小。图5-8的结果与这一分析完全一致。

图3-10显示了ECMWF降雨回报产品和降尺度校正后的降水相对于实测降水的相对偏差随预见期的变化。可以看到，尽管相关系数随预见期的增加有明显下降，但校正或未校正的预报降雨相对实际降雨的偏差量总体保持稳定，前者在略微高估5%附近波动，而后者在高估20%附近波动。可见，降尺度方法对降雨总量在系统性偏差方面的改善并不会随着预见期的增加而消失。

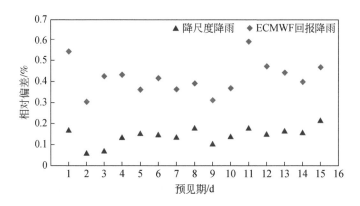

图3-10　ECMWF回报降雨和降尺度后降雨相对站点实测降雨的
偏差随预报时间的变化

3.3　降尺度产品在洪水预报中的应用

3.3.1　衡山站处不同降雨输入的水文模拟评价

应用GBHM模型（模型的详细介绍请参考第4章），进一步对校正后的降雨进行检验。GBHM 分别以观测降水、原始 ERA-Interim 降水和降尺度降雨（以 500/700/850/925/1000 hpa 位势高度和总水汽含量为预报因子，ConvLSTM 网络为降尺度方法，即 3.2.2 小节中的实验 8）作为输入数据，进行连续模拟。所有模拟均以 2010 年底水文状态为初始条件，该初始条件通过以实测降雨为输入，连续运行 GBHM 得到的。

表 3-3 给出了评价指标的结果，图 3-11 分别比较了 2011～2016 年衡山站三组降水输入的径流模拟结果。如图所示，以实测降水资料作为输入的模拟与实测流量吻合较好，NSE 值为 0.82，相对偏差 RB 值为 5%。然而，以原始 ERA-Interim 降雨为输入模拟几乎不太可用，NSE 值仅为 0.06；在模拟初期，模拟流量与实测流量相对接近，但随着时间推移，误差不断累积，模拟流量越来越偏离实测结果。如图 3-11 所示，模拟后期该模型严重高估了大多数洪峰，在整个时段内高估了 24% 的总径流量。经校正后的降水模拟得到了较为合理的结果，NSE 值为 0.64，RB 值为-6%。该结果与实测降雨的模拟结果较为接近，远优于原始 ERA-Interim 降雨的模拟结果。由于水文系统是非线性系统，降水输入的不确定性在传递给径流时很可能会被进一步放大，这就使得原始预测降水的修正变得更加必要。

表 3-3　使用不同降水驱动的模拟结果的评价指标

降水驱动	NSE	RB
地面站点降水	0.82	5%
原始降水	0.06	24%
降尺度后的降水	0.64	-6%

3.3.2　内部中小子流域处不同降雨输入的水文模拟评价

随后，本节评价了降尺度模型对 25 个内部流域径流模拟效果的改善情况，统计指标如表 3-4 所示。由于本章只获得了长系列的日降水数据，只能训练得到模拟期内的日降雨过程，因而本节只在日尺度上评价模型效果。

由表 3-4 所示，以地面观测降水为输入的模拟流量效果最好，所有站点的平均纳什效率系数（NSE）为 0.47，平均相关系数达 0.71。以校正降雨为输入的模拟流量的平均 NSE 指标为 0.19，平均 CC 指标为 0.61，略差于以地面降水观测为输入的模拟结果，但明显优于原始 ERA 降水驱动的模拟结果（平均 NSE 为 -0.15，平均相关系数为 0.53）。

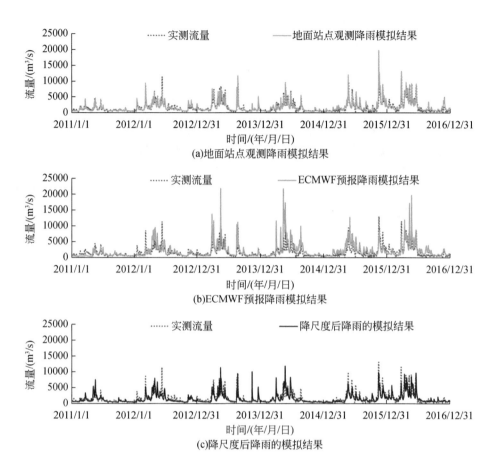

图 3-11　衡山站处利用不同降水为输入的流量模拟结果与实测流量的对比图

表 3-4　流域内部 25 个水文站处，以不同降雨为输入的模拟日流量评价指标

水文站	面积/km²	地面观测降雨模拟			校正降雨模拟			ERA 原始降雨模拟		
		NSE	RB/%	CC	NSE	RB/%	CC	NSE	RB/%	CC
井头江	165	-0.26	0.95	0.27	-0.28	1.00	0.25	-2.92	3.43	0.25
蓝山	254	-0.06	-0.14	0.42	-0.12	-0.10	0.47	-0.25	-0.01	0.49
龙水	265	0.51	0.09	0.72	0.28	0.31	0.66	0.21	0.41	0.62
操箕潭	390	0.27	-0.40	0.63	0.09	-0.37	0.45	0.05	-0.28	0.38
豪福	431	0.51	-0.08	0.72	0.39	-0.16	0.63	0.29	0.03	0.57
江永	505	0.40	-0.22	0.66	0.14	-0.27	0.45	-0.14	-0.21	0.21

水文站	面积 /km²	地面观测降雨模拟			校正降雨模拟			ERA 原始降雨模拟		
		NSE	RB /%	CC	NSE	RB /%	CC	NSE	RB /%	CC
兴安	570	0.45	0.07	0.70	0.06	0.21	0.50	0.13	0.14	0.46
大路铺	612	0.50	−0.01	0.71	0.34	−0.04	0.59	0.32	0.22	0.60
金洞	795	0.43	0.22	0.67	0.15	0.09	0.43	0.14	0.39	0.46
炎陵	814	0.42	0.00	0.75	−0.10	0.00	0.61	0.12	−0.01	0.60
灌阳	954	0.18	−0.36	0.67	0.08	−0.35	0.67	0.10	−0.18	0.65
嘉禾	1473	0.61	0.20	0.80	0.31	0.17	0.60	0.00	0.33	0.48
潊天河	2469	0.59	0.05	0.77	0.46	−0.02	0.69	0.43	0.12	0.66
神山头	2857	0.12	−0.47	0.60	0.00	−0.40	0.51	−1.07	0.06	0.39
茶陵	4347	0.69	−0.09	0.84	0.39	−0.17	0.63	0.21	−0.01	0.49
欧阳海	5409	0.48	0.07	0.77	0.14	0.07	0.68	0.34	0.03	0.69
全州	5568	0.64	0.12	0.83	0.16	0.20	0.60	−0.51	0.37	0.48
道县	5613	0.75	0.00	0.87	0.45	0.11	0.72	0.30	0.22	0.64
绿埠头	6431	0.76	0.13	0.90	0.51	0.26	0.73	0.35	0.42	0.64
耒阳	9902	−0.29	−0.02	0.70	−1.14	0.08	0.55	−1.90	0.13	0.33
双牌	10599	0.69	−0.06	0.87	0.27	−0.13	0.63	−0.08	0.06	0.49
冷水滩	21612	0.80	0.09	0.92	0.48	0.09	0.76	0.11	0.33	0.67
祁阳	25182	0.86	−0.10	0.93	0.55	−0.08	0.77	0.23	0.15	0.68
衡阳	52150	0.82	0.06	0.93	0.44	0.11	0.80	−0.37	0.36	0.67
衡山	63980	0.82	0.05	0.92	0.64	−0.06	0.82	0.06	0.24	0.71
平均		0.47	0.01	0.74	0.19	0.02	0.61	−0.15	0.27	0.53

注：NSE 为纳什效率系数，RB 为相对偏差，CC 为相关系数。

具体来看，在流域面积大于嘉禾（1473km²）的流域中，地面观测降雨模拟优于校正降雨模拟优于 ERA 原始降雨模拟的关系较为稳定，校正降雨模拟流量的 NSE 指标大多超过 ERA 原始降雨模拟流量指标 0.2 以上。而在面积小于嘉禾的子流域中，总体上也符合上述关系，但在个别流域处不同。注意到本章中用作训练目标的中国逐日网格降水量实时分析系统（1.0 版）数据集，它的时间分辨率为一天，空间分辨率为 0.25°×0.25°，在面积较小的流域中适用性受限，未来如果能够获取更高时空分辨率的长系列降雨数据，可以获得更好的模拟效果。

　　降水的空间分布对水文模拟有重大的影响。经 ConvLSTM 校正后的降雨及原始 EAR-Interim 降雨与实测降雨多年平均降雨量的偏差如图 3-12（c）和图 3-12（e）所示。可以明显看到，尽管 EAR-Interim 降雨比实测降雨只高估了 12% 左右，但它在空间上的分布极不均匀，方差较大。在流域西北角（地形多以平原为主），ERA-Interim 原始降雨的高估较为明显，最多可达 60%。而在其他山区较多的部分，ERA-Interim 原始降雨的高估较少，或是低估了降雨。例如，在流域的东南角，最多可低估降雨 −20% 左右。图 3-12（a）、图 3-12（b）和图 3-12（d）显示的是三种雨量的年平均降雨，从中可以更直观地看出校正后的降水与实测降水的空间分布非常一致，而 ERA-Interim 原始降雨与地面实测降雨的空间分布相差较大，不能很好地反映降雨的空间变异性。

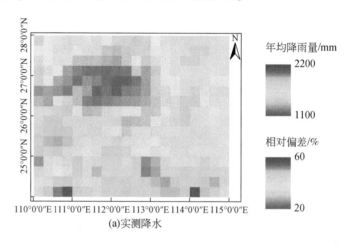

(a)实测降水

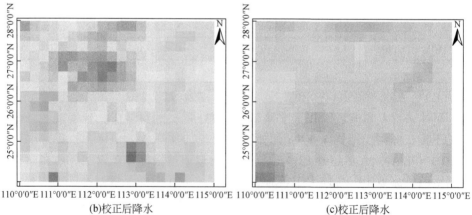

(b)校正后降水　　　　　　　　　　　　　　(c)校正后降水

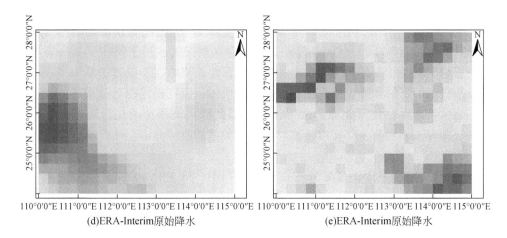

图 3-12 不同降雨年均降雨量的分布图及其与实测降雨相对偏差的分布

3.4 小 结

本章提出了一种新的降水降尺度方法，该方法依靠耦合 CNN 和 LSTM 神经网络的方法，根据数值天气模型输出的大气环流变量来估测降水。本章选取了位于东亚季风区的中国南部湘江流域，评价了该方法在该降水估测或预报中的效果。结果表明，与传统的分位数校正方法或基于 SVM 的方法相比，该方法具有明显的优越性。进一步，本书将该方法应用于分布式水文模型中作进一步验证，主要结论如下。

1）评估了不同预报因子用于降水估测的效果。传统文献中常使用的平均海平面气压对降雨估测仅能够提供有限的改善（与实测降水的相关系数从 0.29 提升至 0.54，且无法估计高强度极端降雨）；而在所有气象变量中，位势高度可能是最重要的且最有效的（相关系数提升至 0.65）；尽可能多地使用更多的气象变量，有利于改进对降水的估计（相关系数提升至 0.72）；考虑到模型的精度和复杂性，本研究建议使用位势高度和总水汽含量的组合（相关系数提升至 0.69）。

2）比较了分位数校正方法、SVM、CNN 网络和 ConvLSTM 网络在降水降尺度中的效果。其中 ConvLSTM 网络估计的降水与实测降水的相关性最高（相关系数为 0.73）；CNN、SVM 和分位数校正方法降尺度效果次之，相关系数分别为 0.69、0.65、0.54。从评价指标看，SVM 方法的效果可以接受，但其对高强度降雨的估测能力较差。

3）将训练后的 ConvLSTM 网络应用于 S2S-ECMWF 回报数据，进一步检验该方法的鲁棒性。结果表明，在所有预报期内，校正后降水一直优于原来的 S2S-ECMWF 降水（表征为与实测降雨较高的相关系数）；但随着预报期的增加，校正降水的优势逐渐减弱。ConvLSTM 方法对降水预报的改进主要在于其一定程度上能够减少从原始变量预测降水时的参数化误差，原因在于该方法使用了观测数据以及自上而下的训练方法。随着预报期的增加，大气模式的动态误差逐渐占据主导地位，而参数化误差成为次要误差，因此降尺度模型的优势逐渐减少。另外，从相对偏差来看，降尺度模型对系统性偏差的改善并不会随着预见期的增加而消失。

4）将不同的降雨输入到分布式水文模型中。原 ERA-Interim 降水在水文模拟中的应用效果较差，纳什系数 NSE 仅为 0.06，相对偏差 RB 达 24%。以校正降雨为输入的模拟将 NSE 提高到 0.64，RB 降低到 -10%，与观测降雨强迫的模拟相当，该结果进一步证明了此降雨校正方法的价值。

| 第 4 章 | 基于分布式水文模型的洪水预报

通过水文模型模拟降雨径流过程是进行洪水预报的常规手段和主要方法，其中水文模型主要可分为分布式水文模型和集总式水文模型两类。集总式模型将整个流域当作一个整体来看待，其水文输入、输出及参数在整个流域内都是统一的。这一类水文模型通常用概念性或经验性方程来描述水文过程，因而模型的参数通常是根据实测资料率定得到的。这一类模型在早期发挥了巨大的作用，但由于在无资料地区往往缺乏实测流量数据进行模型的参数率定，集总式概念性水文模型在山区中小河流洪水预报中的应用受到较大限制。而分布式水文模型要考虑不同参数的空间变异性，往往需要大量的数据信息，并通常与地理信息系统、DEM 数字高程数据、遥感数据等相结合。因此，分布式水文模型能够反映下垫面信息，能够计算包括径流、土壤水、蒸发等在内的各种水文信息，且充分利用空间遥感信息。

为研究中小河流山洪预报问题，本章基于地貌学的分布式水文模型（geomorphology-based hydrological model，GBHM）构建了洪水预报模型，并在典型的山区小流域进行示范研究。

4.1 典型流域与数据

4.1.1 典型流域概况

本章选取了四个位于不同气候区的典型山区小流域，用以研究山区小流域洪水预报预警的策略：包括位于湿润区的赣江支流遂川江流域（流域面积为910km²，多年平均降雨量为1637mm）；位于半湿润区的灞河流域（流域面积为1601km²，多年平均降雨量为735mm）、板桥河流域（流域面积为493km²，多年平均降雨量为670mm）；位于半干旱区的周河流域（流域面积为774km²，多年平均降雨量为414mm）。

遂川江是长江支流赣江的支流，河道坡降约0.24%。流域范围内约80%为山区, 地势从西南向东北逐渐降低。境内植被发育良好, 境内森林覆盖率达50%左右。流域的控制水文站为南溪, 地处 114°28′E, 26°16′N, 多年平均气温约为18℃。流域内另有坳下坪水文站 (114°26′E, 北纬26°12′N) 和仙坑水文站 (114°26′E, 26°14′N)。

灞河是黄河支流渭河的支流, 河床平均坡降为0.6%。灞河流域内地形明显东南高西北低, 流域的地形地貌按照高程和坡度可分为3个区域: 上游大多位于秦岭山区, 海拔较高, 地势陡峭, 河道坡降大, 洪水涨落迅猛, 植被状况较好; 中游地势相对平坦, 属于台塬丘陵区, 但地形破碎、植被状况较差, 沟谷较为发育; 下游海拔最低坡降最缓, 河道多有河漫滩及多级阶地, 属于川道平原区, 种植作物较多。流域控制水文站是马渡王水文站, 地处 109°09′E, 34°14′N, 多年平气温约为13℃。近百年主要出现两次特大洪水, 最大洪峰流量为2900m³/s (1835年), 次大的为2160m³/s (1953年8月2日)。流域上游还有一个罗李村水文站, 经纬度坐标为109°22′E, 34°09′N。

板桥河是长江支流丹江的支流, 河道坡度较大, 平均坡降达1.72%。流域为典型秦岭山地地貌, 森林覆盖率63%以上, 地势从西北向东南逐渐降低, 上游高山森林, 下游低矮荒山。板桥站为流域内控制水文站, 坐标为109°57′E, 33°58′N, 多年平均气温约为15℃。历史调查的最大流量为1030m³/s (1957年7月16日), 实测最大流量为588m³/s (1988年8月14日)。

周河是黄河支流北洛河的支流, 河道平均坡度为0.37%。流域内水土流失情况严重, 土质疏松容易被冲刷, 形成许多树枝状季节性沟道。志丹站是流域内唯一的控制水文站, 多年平均气温为7.8℃。实测最大流量出现于1977年7月6日, 达2610m³/s。

四个流域的水文特征大为不同: 周河流域的多年平均径流系数最低, 仅0.04左右, 而遂川江流域径流系数则高达0.55, 板桥河流域与灞河流域位于二者之间, 分别为0.17和0.32。四个流域具体的水文气象参数如表4-1所示。四个流域的降雨在年内分布接近, 均是集中在夏季, 成为山洪灾害频发的主要原因。但它们的汛期略有不同: 遂川江汛期从4月持续到9月, 而其他三个流域汛期主要在6月到10月。

表4-1 研究流域的水文气象信息

流域名称	流域面积/km²	高程差/m	多年平均降雨/mm	多年平均径流深/mm	径流系数
周河流域	774	1222~1808	414	17.5	0.042
板桥河流域	493	774~1692	670	111	0.17

续表

流域名称	流域面积 /km²	高程差 /m	多年平均 降雨/mm	多年平均径 流深/mm	径流 系数
灞河流域	1601	427～2413	735	238	0.32
遂川江流域	910	129～1597	1637	899	0.55

四个流域均符合典型的山区小流域特征：流域的汇流时间（这里指水从流域最偏远处流至流域出口所需时间，由 GBHM 模型估算得到）分别约为 7h、4h、9h 和 6h。研究流域均位于山区，流域内海拔落差较大：遂川江流域位于中国东部，流域内高程差约为 1458m；灞河和板桥流域位于秦岭山脉的北边和南边，高程差分别为 1986m 和 918m；周河流域位于黄土高原，高程差约为 586m。

4.1.2 采用数据

研究中使用的数据包括基础地理信息数据，降雨气象输入数据以及用于模型率定验证的水文流量数据。

流域地貌由 DEM 高程数据表示，初始精度为 90m，来自 SRTM （http://srtm. csi. cgiar. org）；土壤信息采用面向陆面过程模型的中国土壤水文数据集（Dai et al., 2015），分辨率为 0.00083°；土地利用下载自（http://westdc. westgis. ac. cn/），空间分辨率为 100m。植被的分布和季节变化由植物叶面指数（LAI）反映，叶面指数可以从全球逐月的归一化植被指数（normalized deviation of vegetation index, NDVI）数据来估计。NDVI 资料来源于 SPOT 卫星的观测数据，每旬一次观测，空间分辨率为 1km。

气象数据来自中国气象数据共享网的中国地面气候资料日值数据集（V3.0）（http://data. cma. cn/data/detail/dataCode/SURF _CLI _CHN _MUL _DAY _V3.0/keywords/v3.0. html），包括降雨、日最高温度、日最低温度、日平均温度、平均湿度、日照时数、风速等。这些数据用于 Penman 公式中（Penman, 1948）计算潜在蒸散发。

雨量数据和流量数据由水利部信息中心提供。日降雨在整个研究时段均可用（遂川江流域中为 1951～2002 年，其他三个流域为 2000～2010 年）；场次降雨数据仅在汛期可用，它的时间分辨率从 6h 到 1h 不等，一般在大洪水过程中观测相对密集。周河流域收集到 7 个雨量站数据（含流域周边，下同），板桥河流域有 9 个雨量站，灞河流域有 10 个雨量站，遂川江流域有 27 个雨量站，如图 2-2 所示。流量数据与降雨数据类似，汛期有场次摘录数据，时间分辨率从 6h 至几分钟不等，全年有日值数据。周河流域、板桥河流域、灞河流域、遂川江流域内分别有 1、1、2、3 个水文站。流域内的水文站分布也如图 4-1 所示。

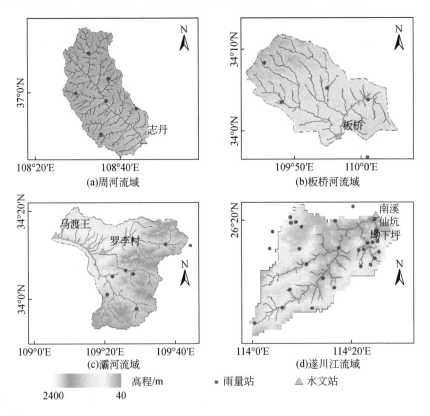

图 4-1　四个研究流域内的雨量站和水文站分布

4.2　分布式水文模型 GBHM 的建立与验证

4.2.1　GBHM 分布式水文模型原理与构建

本书研究使用的模型是 Yang 等（1998，2002）开发的基于地貌的分布式水文模型（geomorphology-based hydrological model，GBHM）。GBHM 基于流域地形地貌特征，将流域依次划分为若干子流域，每个子流域可按照一定的河段长度划分为若干汇流区间，每个汇流区间包括若干计算栅格，每个计算栅格被概化为一沿河道两岸对称分布的山坡，并在每个网格内根据高精度数据进行次网格参数化

（例如，根据土地利用类型对每个网格内的山坡水文过程分别将计算）。山坡单元为模型计算的基本单元，模型在每个山坡单元内采用具有物理机制的数学物理方程来描述关键水文过程，包括冠层截留、蒸散发、下渗、坡面流、壤中流和地下出流等，部分关键过程的物理描述在第 6 章中具体介绍。河道的汇流采用动力波方程概化，并根据有限差分方法求解。图 4-2 为 GBHM 模型的流域离散方案示意图。模型更具体的描述可参见杨大文和楠田哲也（2005）、许继军（2007）等。

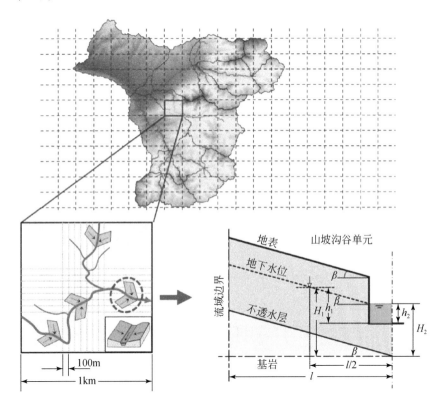

图 4-2   GBHM 模型的流域离散方案示意

注：图中 l 为坡长，H_1 为地下水位，H_2 为河道到基岩的深度，h_2 为河道水深，h_1 就是地下水位和河道水位的高程差，β 为山坡坡度。

模型的大部分参数可通过相关数据库中的流域基本特征直接确定或推算，包括 VG 方程中的土壤参数信息、土地利用类型、归一化植被指数 NDVI、地貌形态等。

本书中，遂川江、灞河、周河流域的网格大小设置为 1km×1km，板桥河流域的网格大小设置为 500m×500m。遂川江、灞河、周河及板桥河内划分的子流域数目分别为 59、153、88 和 101 个。模型模拟的时间步长为 1h。

由于收集到的雨量数据和气象数据与模型的模拟步长并不匹配，先需要将它们转化为小时数据。对于汛期降雨摘录中的降雨，由于其时间分辨率相对较高，直接将其在降雨时段内做平均处理。而对于非汛期的日雨量数据，先根据历史经验确定本日降雨的持续时间（降雨越多，持续时间越长），然后随机给定降雨起始时间，最后将总日降雨在持续时间内按照正态分布分配。而小时尺度的气温则是根据日最高气温、日最低气温与日平均气温，按正弦函数变化进行估算。这种降尺度方案必然会带来一定误差，但本章内容主要关注汛期洪水过程，因而这种误差对结果影响较小。

在数据转化为小时尺度后，还需要进一步根据距离-方向权重插值方法（New et al.，2000）将数据插值到网格尺度。本方法中，首先选取网格周边若干个观测站，根据观测站 k 与网格的距离计算它的相对权重：

$$w_k = \left(e^{-x/x_0}\right)^m \tag{4-1}$$

式中，x 是计算网格中心与观测站 k 距离；x_0 表示衰减距离，本章中取 40km；m 是一个可调整参数，本章中设置为 4。之后，距离权重又根据观测站之间的相对方向进行调整，调整系数的计算公式如式（4-2）所示：

$$a_k = \frac{\sum_{l=1}^{n} w_l [1 - \cos\theta(k,l)]}{\sum_{l=1}^{8} w_l}, \quad l \neq k \tag{4-2}$$

式中，θ 是站点 k 和站点 l 之间的夹角。站点 l 的距离权重为 w_l；距离方向权重为

$$W_k = w_k(1 + a_k) \tag{4-3}$$

最后，插值网格的雨量按下式计算：

$$P_{\text{int}} = \frac{\sum_{l=1}^{n} W_l P_{l,\text{obs}}}{\sum_{l=1}^{8} W_l} \tag{4-4}$$

式中，P_{int} 为插值网格的降雨，$P_{l,\text{obs}}$ 为观测站 l 降雨；W_l 为站点 l 的距离方向权重。

对于温度，插值时还要考虑高程的影响，模型中设置为高程每升高 1000m，温度降低 5℃。

4.2.2　模型的率定与验证

灞河流域、板桥河流域以及周河流域选择 2000～2005 年为率定期、2006-

2010 年为验证期，遂川江流域选择 1974～1978 为率定期、1979～1983 为验证期，对模型进行率定验证工作，模拟结果的评价指标包括纳什效率系数（NSE）和相关系数（R^2），其计算公式如式（4-5）和式（4-6）：

$$\text{NSE} = 1 - \frac{\sum_{t=1}^{T}(Q_o^t - Q_{\text{sim}}^t)^2}{\sum_{t=1}^{T}(Q_o^t - \overline{Q_o})^2} \tag{4-5}$$

式中，Q_o^t 和 Q_{sim}^t 分别表示观测流量序列和模拟流量序列，Q_{sim} 和 $\overline{Q_o}$ 分别表示模拟期内模拟流量和观测流量平均值。

GBHM 在四个研究流域出口水文站的日流量率定验证结果如表 4-2 所示，日径流过程如图 4-3 所示。率定期内，大多数流域的 NSE 均在 0.8 以上，R^2 在 0.9 以上，只有志丹站的指标略低，NSE 为 0.49，R^2 为 0.72。

表 4-2　率定期和验证期内 GBHM 模型对日流量的模拟效果

流域	水文站	率定期		验证期	
		NSE	R^2	NSE	R^2
周河流域	志丹	0.49	0.72	0.12	0.23
板桥河流域	板桥	0.82	0.9	0.68	0.88
灞河流域	马渡王	0.82	0.91	0.77	0.89
遂川江流域	南溪	0.81	0.92	0.88	0.95

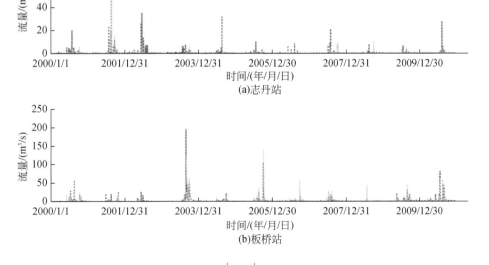

(a)志丹站

(b)板桥站

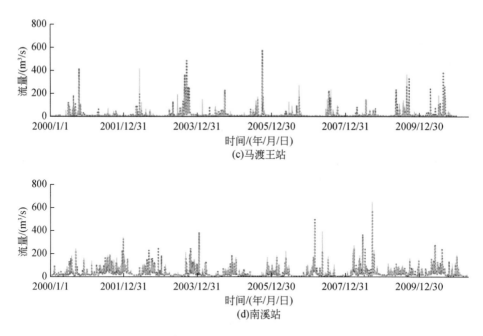

图 4-3 模拟期内四个出口水文站实测与模拟逐日流量的对比图

模型在周河流域表现相对较差，原因可能是降雨数据的时空分辨率不足。超渗产流在干旱区占比较大，而超渗产流的模拟对降雨的时间分辨率要求相对较高。GBHM 在一小时步长上计算超渗产流，而本章中使用的降雨为场次降雨数据。暴雨通常可能有较高的时间变异性，而本书研究中只是将场次降雨做平均处理作为模型的输入，也可能是模型效果差的一个原因。李致家等（2015）应用与本章相同的数据在周河流域建立了一系列水文模型，但模拟效果均较差，作者称较差的植被发育和土壤板结等现象可能导致了较差的模拟效果。此外，有研究指出志丹县内修建有超过 615 座淤地坝，总库容面积达 8.3 亿 m^3，这也可能是模型在周河流域中效果较差的一个重要原因。另外，我观察到模型在周河流域的效果从率定期到验证期有一个显著的下降（从 NSE 和 R^2 指标来看）。我们首先用 Mann-Kendall 趋势检验的方法评估了流域 2000～2010 年的降雨趋势。结果显示周河流域年降雨量和最大 24 小时降雨都有显著下降的趋势（0.05 置信水平）。这种气候变化可能是模型效果变差的一个原因。

为了评价模型对场次洪水的模拟效果，本节还统计了每个流域出口水文站中汛期内洪峰流量最大的六场洪水过程。表 4-3 统计了各场洪水的实测洪峰流量、模拟洪峰大小相对偏差和模拟洪峰出现的时间偏差。可以看到大多数洪峰相对偏差均在 20% 以内，峰现时间偏差在 2h 以内，表明模型能够较好地模拟这些场次洪水过程。另外，这里同样统计了三个流域内部水文站的评价指标，如表 4-4 所示，这些站点均未额外展开专门率定验证工作。可以看到这些站点的洪峰相对偏差略有增长，但峰现时间偏差大致保持不变，但总体上保持了较好的精度，同时也可以明显看到，在越小的流域中，模拟的偏差越大。

表 4-3　模拟时段内模型对各出口水文站小时洪水过程的评价结果

水文站	年/月/日	洪峰流量/(m³/s)	相对误差/%	峰现时间偏差/h	水文站	年/月/日	洪峰流量/(m³/s)	相对误差/%	峰现时间偏差/h
志丹	2000/7/27	162	1	0	板桥	2000/8/18	81.2	−2	−3
	2001/8/16	137	−5	0.7		2001/8/15	114	−38	1.2
	2001/8/18	196	−34	0		2001/10/24	48.7	−25	3
	2002/6/8	264	−24	1.3		2003/8/29	550	9	1
	2002/6/18	403	−13	0.4		2005/10/1	160	86	−2
	2004/8/20	110	−12	0		2010/7/2	123	−19	−3
马渡王	2000/10/11	688	−8	2	南溪	1968/7/9	785	−12	1
	2002/6/9	584	−4	0		1970/9/3	1840	−14	0.9
	2003/9/1	441	3	−1		1973/8/15	1140	−17	2.3
	2003/9/20	652	21	−5		1980/5/8	1180	−5	−2.2
	2005/10/1	844	2	0		1981/7/1	821	−22	1.8
	2009/8/29	616	−2	1		1981/9/22	1610	61	−1.9

表 4-4　模拟时段内模型对未率定的内部水文站小时洪水过程的评价结果

水文站	年/月/日	洪峰流量/(m³/s)	相对误差/%	峰现时间偏差/h	水文站	年/月/日	洪峰流量/(m³/s)	相对误差/%	峰现时间偏差/h
罗李村	2000/10/11	341	6	−2	南溪	1979/6/29	50.6	−66	0.6
	2002/6/9	268	45	2.5		1981/9/22	38.9	84	−0.4
	2004/9/30	483	−48	−0.3		1985/7/3	36.6	12	0
	2005/10/1	491	2	−1.8		1991/9/8	37.2	39	−0.1
	2009/8/29	312	46	−0.5		1997/7/22	43.4	−62	1.1
	2009/9/20	441	−65	0		1997/8/9	46.9	−51	0.7

续表

水文站	年/月/日	洪峰流量 /(m³/s)	相对误差 /%	峰现时间偏差 /h	水文站	年/月/日	洪峰流量 /(m³/s)	相对误差 /%	峰现时间偏差 /h
坳下坪	1976/5/20	321	−86	0.4					
	1976/8/11	279	−55	1.1					
	1984/4/3	270	−85	−1					
	1991/6/19	259	5	0					
	1991/9/8	234	33	−0.1					
	2000/6/20	264	22	−0.2					

图 4-4、图 4-5、图 4-6 分别给出了滁州、坳下坪、和仙坑三个水文站典型洪水过程的模拟结果。其中，点线为实测流量，实线为模拟流量，流量单位为 m³/s。图幅上方台阶线表示降雨量，使用次纵坐标轴，其刻度范围为 0~100mm。为简化，图中均未给出次纵坐标轴名。验证期各站的径流预报合格率均在 50%~60% 之间，按照我国《水文情报预报规范》（SL250—2000）精度为丙等，仅可以用于参考性预报。滁州、坳下坪、仙坑三个站点的预报结果没有显著差别。

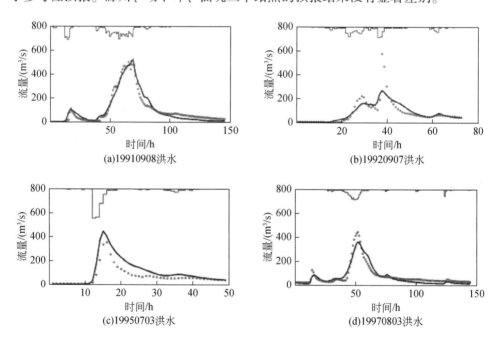

(a)19910908洪水 (b)19920907洪水

(c)19950703洪水 (d)19970803洪水

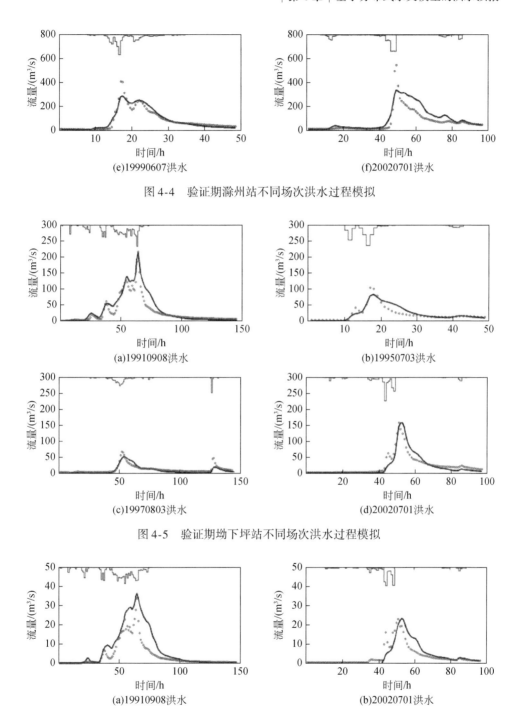

(e)19990607洪水

(f)20020701洪水

图 4-4　验证期滁州站不同场次洪水过程模拟

(a)19910908洪水

(b)19950703洪水

(c)19970803洪水

(d)20020701洪水

图 4-5　验证期坳下坪站不同场次洪水过程模拟

(a)19910908洪水

(b)20020701洪水

图 4-6　验证期仙坑站不同场次洪水过程模拟

4.3 小　　结

　　本章在四个位于不同气候区的山洪多发小流域中分别构建了分布式水文模型GBHM，并对模拟结果进行效果评估。主要成果为：基于GBHM的原理，建立了考虑地貌特征和水文过程机理的典型流域的分布式水文模型，较好地模拟了四个不同气候区小流域中的山洪。但在湿润地区，GBHM的表现要相对半湿润区或半干旱区更好。这可能是因为在半干旱区超渗产流占据更主导的地位，对降雨时空分辨率的要求更高。

| 第 5 章 | 基于分布式水文模型的动态临界雨量确定方法及其应用

　　山洪灾害预警是山洪灾害防治的关键环节和技术难点。常用的洪水预警方法一般有基于上游河道水位监测的预报方法、基于降雨径流过程的定量预报预警方法、基于临界雨量的预警方法等。山区流域通常面积较小，且降雨径流响应时间较短，使得基于上游河道水位监测或是基于降雨径流关系的预报方法均存在预见期短的问题，因此在小流域山洪预警中的适用性有限（Liu et al., 2018）。临界雨量预警方法则直接依靠降雨信息进行山洪预警，若实时（或预报）降雨量超过可能致灾的临界雨量，表明山洪灾害发生的可能性很高，需要发出预警；反之，则表明山洪灾害发生可能性较低，不需要预警（程卫帅，2013）。临界雨量预警方法不仅具有较长的预报期，又具有一定的准确度，且步骤简单，操作方便，因此在中小河流洪水预警中得到了广泛应用（樊建勇等，2012；李青等，2017）。

　　基于临界雨量的预警方法的关键步骤是确定临界雨量的大小，而我国目前普遍采用的临界雨量指标以静态临界雨量为主（缪清华，2019；Liu et al., 2018）。研究表明前期累积降雨会影响后期降雨的产流，由于流域前期湿润状况的不同，相同的降雨强度会有不同的产流结果（江锦红和邵利萍，2010；刘志雨，2009）。忽略流域前期湿润状况对山洪发生及洪峰量级的影响可能会导致山洪预警的空报或漏报（叶金印等，2016）。因此，临界雨量指标应当随流域湿润状况动态变化，而不是一成不变的固定值。

　　通过水文模型模拟降雨径流过程是进行洪水预报的常规手段，其中分布式模型由于能够反映下垫面信息，能够计算包括径流、土壤水、蒸发等在内的各种水文信息，善于充分利用空间遥感信息等优点，正得到越来越多的应用。为此，本章提出了一种基于分布式水文模型的流域不同湿润状况下临界雨量的计算方法，主要的研究内容包括：①基于动态临界雨量指标的山洪预警方法；②基于临界雨量的洪水预警方法的效果评估。

5.1 基于动态临界雨量指标的
山洪预警方法

5.1.1 动态临界雨量指标的确定方法

　　根据第 4 章 GBHM 模型模拟的结果计算了每个子流域的降雨径流响应时间（这里定义为洪峰出现时间与暴雨峰值出现时间的偏差，并取所有洪水过程的平均值），如图 5-1 所示（由于 GBHM 的模拟步长为 1h，在部分面积特别小的流域中，估算的降雨径流响应时间可能会偏大）。很显然，响应时间随流域面积的增大而增大，3 小时的降雨径流响应时间对应的子流域面积在周河、板桥河、瀍河、遂川江流域中分别约为 $30km^2$、$196km^2$、$88km^2$ 和 $135km^2$。在大多数面积为这一数量级的小流域中，降雨通常是唯一的观测数据，另考虑到预警时间的因素，一种单纯依靠

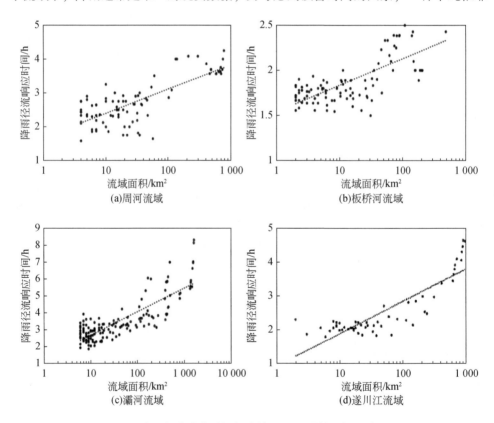

图 5-1　降雨径流响应时间与流域面积（对数坐标）关系图

降雨作为指标来判别是否发布洪水预警的方法可能比基于降雨径流模拟的预警方法更为适用。因此，本章中提出一种基于分布式水文模型模拟结果计算不同土壤饱和度下临界雨量的方法，即先通过模型模拟结果确定临界流量，再计算临界雨量。

洪水通常是在河道水位上涨至超过河漫滩后对沿岸居民造成巨大危害，因而传统上一般将警戒流量设为平滩流量（即河道水位刚好达到河漫滩时对应的流量）。由于在众多内部子流域中通常缺少历史流量与水位资料的观测，无法直接计算警戒流量，而需要依靠模拟的流量来计算警戒流量。同时，Reed 等（2007）和 Norbiato 等（2009）的研究显示，根据模拟的流量而非实测流量进行频率分析计算警戒流量，在有水文监测和无水文监测的流域都能够提升山洪预报预警的能力。他们认为即使模型模拟结果与观测数据有偏差，只要模型的模拟结果能够区分洪水场次的相对大小（这种区分的能力取决于降雨输入的一致性和模型本身的性能），基于模拟流量的警戒流量就可以作为洪水严重性的有效相对指标。本书研究中降雨数据来源不变，模型经率定验证显示具有较好的水平，我们认为该方法在本书研究中是适用的。

按照这一方法，首先需要计算流域出口水文站的警戒流量。如在遂川江流域中，首先根据河道断面资料确定了上滩水位为 98m 左右；其次，根据各水文站的水位流量关系确定了以实测流量计算的警戒流量大小约为 740m³/s；根据历史实测流量序列进行频率分析，得到这一警戒流量所对应的频率约为 0.23；综合防洪经验，取五年一遇的流量作为警戒流量。最后，根据模拟流量进行频率分析，得到南溪站的警戒流量为 802m³/s。而在瀍河流域、板桥河流域、周河流域中，由于缺乏水位观测，只能根据参考文献，取两年一遇流量代替（Ntelekos，2006；Schmidt et al.，2007；Gourley et al.，2012）。计算得马渡王水文站、板桥水文站、志丹水文站的警戒流量值为 350m³/s、76m³/s、73m³/s。GBHM 模型可以模拟每个子流域的流量过程，可以据此按照同样的方法计算得每个子流域的临界流量。

在确定了临界流量之后，可以根据 GBHM 模型模拟的小时流量和土壤湿度确定不同土壤饱和度下的临界雨量大小。《山洪灾害临界雨量分析计算细则》中指出，按照灾害类别，临界雨量指标可分为山溪洪水雨量指标、泥石流雨量指标和滑坡雨量指标三种，本章中的指标对应于山溪洪水雨量指标。

计算可大致分为两个步骤。

第一步是选取不同洪水过程的时段最大累积雨量与土壤饱和度组合，如图 5-2 所示。这里只考虑那些洪峰流量超过临界流量 1/5 的洪水过程（周河流域、板桥河流域、瀍河流域、遂川江流域分别有 90 场、86 场、128 场、216 场）。提取的方法如下。

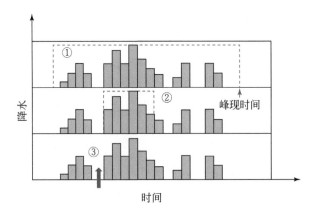

图 5-2　时段最大累积雨量与土壤饱和度选取步骤示意图

1）取出每一场洪水过程中洪峰前 24h 的降雨过程（流域平均降雨）。

2）取出 24h 内的最大时段连续降雨量，时段可选取为 1h、3h、6h、12h 等。

3）以这段降雨历时前 1h 的土壤饱和度作为这场洪水的前期土壤饱和度。由于流域内的土壤饱和含水量具有高度空间变异性，为便于统一比较，以土壤饱和度 S 代表流域湿润状况，其计算公式为

$$S = \frac{\theta}{\theta_s} \tag{5-1}$$

式中，θ 为土壤实际含水量，θ_s 为土壤饱和含水量。

第二步是根据第一步中提取的时段最大累积雨量与土壤饱和度组合计算临界雨量，主要步骤如下。

1）以最大时段雨量为纵坐标、前期土壤饱和度为横坐标画出散点图，如图 5-3 所示。

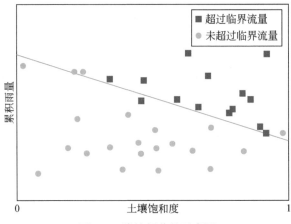

图 5-3　线性划分的示意图

2）根据对应的洪峰流量大小是否超过警戒流量将组合分为超过警戒流量组（如图中红色的方点）和未超过警戒流量（图中蓝色的圆点）两组。

3）找到一条最优的线（图中的绿线）尽可能区分二者，这条线上的雨量即为不同前期土壤饱和度状况下的临界雨量。确定判别线的方法有许多种，例如支持向量机、人工神经网络等，本章采用的方法是基于最小方差准则的 W–H 算法，以下做一简单介绍：

定义线性判别函数 $d(x)$ 如式（5-2）：

$$d(x) = w_1 p + w_2 s + w_3 = wx \begin{cases} \leqslant 0, & \text{组合 1} \\ > 0, & \text{组合 2} \end{cases} \tag{5-2}$$

式中，$x = (p, s, 1)^T$ 代表某场洪水过程中最大时段累积雨量与前期土壤饱和度的组合；$w = (w_1, w_2, w_3)$ 为待率定参数。$d(x) \leqslant 0$ 表示组合对应洪峰流量超过警戒流量，反之则表示未超过警戒流量。令组合 1 中的 x 乘以 –1，使其变为 $\tilde{x} = (-p, -s, -1)^T$，则判别函数变为

$$d(\tilde{x}) = w\tilde{x} \begin{cases} \geqslant 0, & \text{正确区分} \\ < 0, & \text{错误区分} \end{cases} \tag{5-3}$$

式（5-3）可以进一步被表示为

$$wX = b \tag{5-4}$$

式中，b 是一个残余值。当给定 b 后，就可以通过最小化方差函数 $J(w)$ 来计算 w：

$$J(w) = (Xw - b)'(Xw - b) \tag{5-5}$$

事实上，不同的 b 计算得到的 w 较为接近，也有研究表明取 $b = [1, 1, \cdots, 1]$ 结果较好。

5.1.2 典型流域临界雨量计算结果

图 5-4 显示了四个流域出口水文站处的线性划分结果，图 5-5 则给出了三个流域内部水文站所在子流域的线性划分结果，从图中可以得到对应流域不同土壤

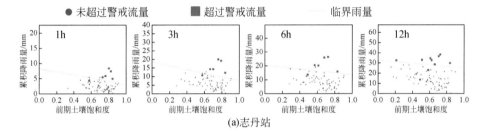

(a)志丹站

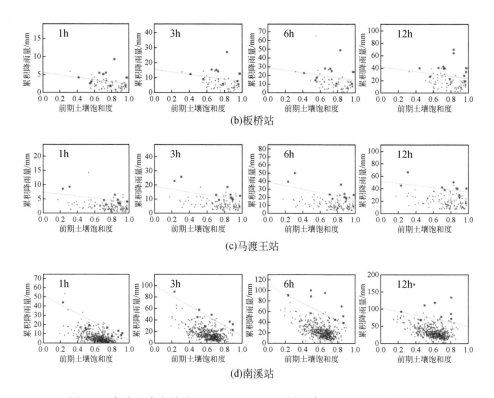

(b)板桥站

(c)马渡王站

(d)南溪站

图 5-4　各出口水文站处 1h、3h、6h、12h 累积降雨量的线性划分结果

饱和度下的临界雨量值。可以明显看到，临界雨量是随前期土壤饱和度的变化而变化的，因此将之称为动态临界雨量。

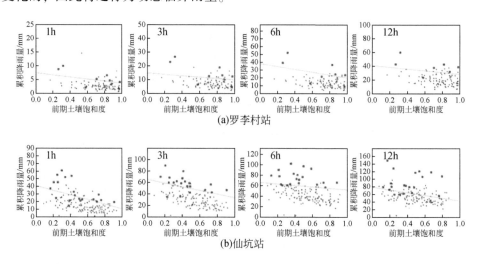

(a)罗李村站

(b)仙坑站

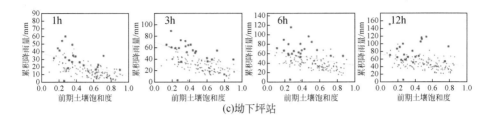

(c)坳下坪站

图 5-5　各内部水文站处 1h、3h、6h、12h 累积降雨量的线性划分结果

表 5-1 中列举了流域出口水文站处 1h、3h、6h、12h，土壤饱和度为 0.25、0.5、0.75 时的临界雨量值。在实际应用中，可以通过运行 GBHM 模型来获得实时更新的土壤饱和度，进而参考表 5-1，通过线性插值估计不同土壤饱和度下的临界雨量指标。此时就可以根据接下来一段时间内的观测或预报的降雨是否超过临界雨量来决定是否发布预警。

表 5-1　研究流域出口水文站及内部水文站的临界雨量　（单位：mm）

水文站	时段长/h	土壤饱和度			水文站	时段长/h	土壤饱和度		
		0.25	0.5	0.75			0.25	0.5	0.75
志丹	1	6.9	5.7	4.4	马渡王	1	6.6	5.8	4.9
	3	15.8	13	10.2		3	20.2	17	13.8
	6	18.8	17.2	15.5		6	33.4	28.1	22.8
	12	26.3	24.8	23.4		12	46.6	42.4	38.1
板桥	1	4.8	4	3.1	南溪	1	47.5	25.9	4.3
	3	13.1	11.2	9.2		3	73.8	48.1	22.3
	6	25.4	21.8	18.2		6	81.4	63.1	44.8
	12	37.3	32.7	28		12	85	71.9	58.8

从图 5-4 中可以看出，前期土壤饱和度与临界雨量之间的关系在几个不同气候区的流域中存在显著差异。在湿润的遂川江流域中，临界雨量值随土壤饱和度的增加而显著降低［图 5-4（d）］；而在半干旱的周河流域中，土壤饱和度的变化对临界雨量的影响较小［图 5-4（a）］。这种差异可能是产流机制的不同所造成的。湿润地区以蓄满产流为主。若忽略蒸发，在降雨期间，径流可计算为

$$R = P - (W_{\max} - W_{\text{ini}}) = P - (\theta_s - \theta) \cdot d \tag{5-6}$$

式中，R 为流量，P 为降雨量，$W_{\max}$ 和 W_{ini} 分别为流域最大蓄水量以及初始蓄水量，θ 是初始土壤含水量，θ_s 是土壤饱和含水量，d 是土壤厚度。对于一定的径流量（图 5-4 中对应于临界流量），临界雨量随土壤含水量的增加而线性下降。

在半干旱的黄土高原地区，土壤深度可达几十米，超渗产流成为主要的产流机制。此时，径流主要取决于降雨强度和土壤的入渗能力。在半干旱的志丹流域中土壤饱和导水率较小（约为10mm/h），并且常因植被发育较差导致土壤板结，表层土壤的入渗率较低。由于土壤的入渗速率很可能在较短的时间内趋于稳定，超渗产流在降雨后迅速发生，半干旱区的临界雨量几乎不随前期土壤饱和度的变化而变化。

临界雨量和前期土壤饱和度在不同气候区的差异关系，意味着在确定临界雨量时可以使用不同的策略。在湿润地区使用临界雨量进行洪水预警，必须要实时估算土壤湿度；而在半干旱地区的小流域，或许可以采用固定的临界雨量指标。

用同样的方法，本节确定了研究流域内各子流域的临界雨量。图5-6显示了土壤饱和度为50%的条件下，3h临界雨量在整个流域内的空间分布。1h、6h和12h临界雨量的空间分布与3h临界雨量的空间分布相似。可以看到临界雨量在四个研究流域之间和同一流域内部均表现出较高的变异性。临界雨量的空间变异性与局地水文变化密切相关，这表明在进行山洪预警时有必要在较小的空间尺度上估计临界雨量。

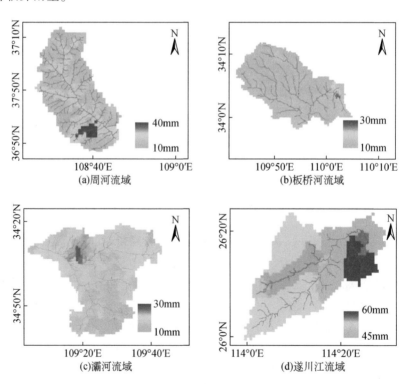

图5-6　50%土壤饱和度下各流域3h临界雨量分布

5.2 预警方法的效果评估

5.2.1 在率定流域的效果评估

本节中，通过以下三个方面对基于动态临界雨量的洪水预警方法进行了综合评价：①评估线性划分的准确性；②根据历史实测降雨与实测洪水，结合模拟的土壤饱和度，评价基于动态临界雨量的洪水预警方法的可靠性；③通过模型模拟的洪峰流量与实测流量的直接比较来评估该方法的性能。

本节采用命中率（probability of detection，POD）、误报率（false alarm rate，FAR）和综合评价指标（critical success index，CSI）三种指标来评价预警的效果，其计算公式分别为

$$POD = \frac{H}{H+M} \tag{5-7}$$

$$FAR = \frac{FA}{H+FA} \tag{5-8}$$

$$CSI = \frac{H}{H+M+FA} = \frac{1}{POD^{-1}+(1-FAR)^{-1}-1} \tag{5-9}$$

式中，H 表示实际发生了灾害并且成功预警的洪水场次，M 表示实际发生了灾害但没有发出预警的洪水场次，FA 表示实际没有发生超过警戒流量的灾害但发出了预警的洪水场次（Schaefer，1990），H、M、FA 更直观的解释见表 5-2。POD 的范围在 0 到 1 之间，POD=1 表示完美预警所有灾害事件。FAR 也在 0 到 1 之间，FAR=0 表示没有错误预警。CSI 从 0 到 1 不等，CSI 的值越高表示预警效果越好，较高的 POD 值和较低的 FAR 值对应较高的 CSI 值。

表 5-2 预警评价的关联表示意

是否发生灾害 ＼ 是否预警	是	否
是	H	M
否	FA	—

评价指标的计算结果如表 5-3 到表 5-5 所示。

首先，表 5-3 给出了线性划分精度的评价结果。在志丹、板桥、马渡王和南溪水文站，分别出现了 11 场、14 场、10 场和 9 场超过警戒流量（按模拟流量计

算）的洪水过程。四个流域不同降雨历时的 CSI 值在 0.28～0.77，命中率 POD 值在 0.44～0.91，误报率 FAR 值在 0.64～0.17，表明线性划分的结果是较为可靠的。不同流域的统计指标不尽相同，位于半干旱区的周河流域（志丹站）的二元分类精度优于其他研究流域。这可能意味着山洪与该流域的降水有较好的关系。在同一研究流域内，不同时段长的统计指标也不同。与 3h 和 6h 的临界雨量相比，1h 和 12h 时段长临界雨量的线性划分精度更低。12h 的时间跨度已经超过了四个研究流域的降雨径流响应时间，而 1h 的降雨时间跨度可能不超过冠层截留和地表滞留的能力，导致 1h 和 12h 临界雨量的划分结果相对较差，暗示着 3h 和 6h 的临界雨量对类似大小的流域中的洪水预警更有意义。在之后的分析中，论文将提供所有的 1h、3h、6h 和 12h 的统计指标，但将把分析重点放在 3h 和 6h 的临界雨量上。

表 5-3　线性划分结果的精度统计

水文站	1h			3h			6h			12h		
	POD	FAR	CSI	POD	FAR	CSI	POD	FAR	CSI	POD	FAR	CSI
志丹	0.91	0.29	0.67	0.91	0.23	0.71	0.91	0.17	0.77	0.82	0.47	0.47
板桥	0.71	0.60	0.34	0.71	0.44	0.45	0.64	0.44	0.43	0.79	0.48	0.46
马渡王	0.60	0.54	0.35	0.70	0.42	0.47	0.67	0.40	0.46	0.44	0.50	0.31
南溪	0.56	0.64	0.28	0.67	0.25	0.55	0.89	0.27	0.67	0.89	0.43	0.53

其次，利用历史观测降水和实测流量来评估本章提出的基于动态临界雨量的山洪预警方法的可靠性，即以后报（或追算，hindcast）的方法进行评价。任意时间，可以根据每个小时的土壤饱和度实时更新临界雨量大小；然后，将随后观测到的时段累积降雨与对应的临界雨量进行比较，以确定是否应发出洪水预警。同时，将观测到的流量与临界流量进行比较，以确定是否实际发生了超过警戒流量的洪水（注意的是这里的临界流量是根据历史观测流量数据，通过频率分析得到的）。计算的统计指标如表 5-4 所示。这里的 CSI 值略低于表 5-3 中线性划分的结果，但它们都远远高于 Clark 等（2014）提出的美国国家气象局全国尺度山洪预报指导系统的 0.2 基准值。表 5-4 中的指标也显示出 3h 和 6h 的临界雨量可能更为实用，与表 5-3 的结果一致。在半干旱或半湿润区，超渗产流占据更重要地位，降雨强度相对累积雨量可能更为重要。如表 5-4 所示，较短时段（3h）的临界雨量在志丹和板桥站更为适用；而在湿润区累积雨量比雨强更为重要，相对较长时段的临界雨量可能更为有效，因此在马渡王和南溪，6h 的临界雨量效果要更好。

表 5-4 基于临界雨量的洪水预警效果

水文站	1h			3h			6h			12h		
	POD	FAR	CSI	POD	FAR	CSI	POD	FAR	CSI	POD	FAR	CSI
志丹	0.60	0.18	0.53	0.53	0.11	0.50	0.53	0.11	0.50	0.56	0.10	0.53
板桥	0.67	0.73	0.24	0.67	0.64	0.31	0.80	0.67	0.31	0.78	0.68	0.29
马渡王	0.50	0.00	0.50	0.75	0.45	0.46	0.92	0.37	0.60	0.92	0.25	0.71
南溪	0.96	0.90	0.10	0.91	0.52	0.45	0.75	0.33	0.55	0.71	0.69	0.28

最后，通过直接比较模拟的流量与临界流量大小来决定是否发布预警，同样计算了以上指标，结果如表 5-5 所示。比较表 5-4 与表 5-5 中的结果，发现基于模型模拟流量的预警方法和基于动态临界雨量的预警方法具有较为接近的效果。甚至在某些流域中，基于临界雨量的预警方法表现更好：在半干旱的志丹流域中，基于 GBHM 模拟流量预警方法的 CSI 为 0.46，略小于基于临界雨量的预警方法的 CSI 值（0.5 以上）。这可能是由于 GBHM 模型本身在志丹流域的模拟效果相较其他流域更差。

表 5-5 基于 GBHM 模拟流量的洪水预警效果

水文站	POD	FAR	CSI
志丹	0.50	0.14	0.46
板桥	0.71	0.58	0.36
马渡王	0.53	0.27	0.44
南溪	0.47	0.04	0.46

5.2.2 在未率定流域的效果评估

5.2.1 节评估了基于动态临界雨量的洪水预警方法在 4 个经过完整率定验证的流域中的预警效果，但没有评价该方法在未率定流域中的效果。如前所述，一方面 GBHM 模型的大多数参数都是具有实际物理意义的，或是根据区域/全球数据库提取，或是根据实际的现场测量确定；只有少数参数必须根据实测流量进行率定，进而将这些率定参数转移到缺少观测流量的子流域当中。另一方面，虽然水文模型模拟的洪水绝对值有误差，但模型基本具备准确模拟各洪峰相对大小的能力。因此，认为本章提出的方法在估算未率定流域的临界雨量时也能够拥有较好的精度。为了证明这一假设，将遂川江流域的两个内部子流域和灞河流域的一个内部子流域视为没有实测流量的流域，不进行模型的率定工作。进而利用实测流量数据来计算 5.2.1 节中的评价指标。

评价指标如表 5-6 所示。由于这三个子流域均位于相对湿润地区，接下来主要关注 6h 临界雨量的效果。率定流域南溪站 6h 临界雨量的 CSI 值为 0.55（表 5-4），而未率定的内部子流域坳下坪和仙坑的 CSI 值分别为 0.52 和 0.69。灞河流域出口站马渡王的 6h 临界雨量的 CSI 值为 0.6，而未率定流域罗李村的 CSI 值为 0.47。可见，基于动态临界雨量的预警方法在未率定的内部子流域也具有较好的效果。

表 5-6　未率定流域中基于临界雨量的预警方法效果评价指标

水文站	1h			3h			6h			12h		
	POD	FAR	CSI	POD	FAR	CSI	POD	FAR	CSI	POD	FAR	CSI
罗李村	0.82	0.71	0.27	0.82	0.59	0.38	0.7	0.42	0.47	0.85	0.59	0.38
仙坑	0.94	0.68	0.31	0.97	0.52	0.48	0.88	0.24	0.69	0.73	0.31	0.55
坳下坪	0.82	0.64	0.34	0.85	0.51	0.45	0.92	0.45	0.52	0.81	0.43	0.5

5.2.3　临界雨量的不确定性分析

临界雨量的不确定性主要来源包括模型参数估计中的不确定性（如异参同效性）（Beven and Kirkby，1979）、模型结构的不确定性（王浩等，2015）、线性划分过程的不确定性、降雨测量和空间插值的不确定性、以及气候和土地利用变化带来的不确定性等。使用密度较低且时间分辨率有限的站点雨量观测，并不能充分反映降雨的实际情况（在地形复杂的山区尤为如此）（Daly et al.，2008）。降雨的时空分布特征对于是否会引发超警戒流量的山洪也是十分重要的，利用流域平均降雨来计算临界雨量也会带来一定不确定性。这些问题应在今后的工作中进一步讨论。5.2.2 节中实际讨论了不率定模型参数可能带来的不确定性。

样本的大小对于线性划分的精度有重要影响。5.1.1 节中在计算遂川江流域的临界雨量时，使用了 1951~2002 年的水文和气象数据。然而，许多研究流域并不具备如此丰富的数据。为了评价数据序列长度对临界雨量精度的影响，这里只利用 1990~2002 年的模拟结果，重新计算了遂川江流域的临界雨量；然后，利用所有可用的数据，根据这个临界雨量值来评价基于该临界雨量的洪水预警效果。评估的结果见表 5-7。将数据长度缩短到 13a 后，命中率 POD 指标没有明显变化，但误报率 FAR 值大幅度增加，CSI 显著降低。为了验证 FAR 的增加是由于线性划分的误差引起的，而不是气候变化引起的，我们计算了 1990~2002 年和 1951～2002 年最大一小时降雨、最大 24h 累积降雨和年降雨量的变化趋势。结果显示，1990～2002 年，只有最大的 24h 降雨量有微小增加，说明并不是气候变化导致 FAR 的增加。整个研究时间内，南溪共出现 9 场超过临界流量的洪水，但在 1990～2002 年只出现了三次，样本量太少可能会带来临界雨量的不确定性。在 5.1.2 节中，周河、板桥河、灞河、遂川江流域在各自的计算时段内分别有 11 场、14 场、10 场和 9 场超过临界流量的洪水，因此作者建议在使用本方法计算临界雨量时，样本量应至少包括 10 场超过临界流量的洪水。

表 5-7 以 1990～2002 年的模拟流量计算的临界雨量在山洪预警中的效果

水文站	3h			6h			超过警戒流量的洪水次数
	POD	FAR	CSI	POD	FAR	CSI	
南溪	0.89	0.60	0.38	0.75	0.45	0.46	3

最后，进行交叉验证来进一步验证线性划分的可靠性，即使用 $n-1$ 年的洪水事件来计算临界雨量，并使用剩下的一年的数据来进行验证。评价结果如表 5-8 所示。CSI 值略有下降，从 0.30 到 0.71 不等。CSI 值仅略微下降，说明线性划分结果还是比较可靠的。

表 5-8 线性划分的交叉验证结果

水文站	1h			3h			6h			12h		
	POD	FAR	CSI	POD	FAR	CSI	POD	FAR	CSI	POD	FAR	CSI
志丹	1	0.5	0.5	0.91	0.23	0.71	0.91	0.33	0.63	0.82	0.53	0.43
板桥	0.86	0.73	0.26	0.79	0.68	0.3	0.71	0.55	0.38	0.79	0.52	0.42
马渡王	0.7	0.65	0.3	0.7	0.46	0.44	0.8	0.5	0.44	0.5	0.44	0.36
南溪	0.56	0.72	0.23	0.56	0.38	0.42	0.67	0.4	0.46	0.89	0.5	0.47

5.3 小 结

本章基于第 4 章构建的分布式水文模型 GBHM 的模拟结果，通过频率分析确定了各流域的临界流量阈值。在此基础上，提出了一种基于二元分类的山洪临界雨量计算方法。将该方法应用于不同气候和水文条件的流域（包括有流量观测或无流量观测的流域），并进行了详细的评估。主要结论可归纳如下。

1）基于 GBHM 模拟的流量，通过频率分析的方法确定了各子流域的临界流量指标，这种方法可以为无资料地区提供一种估测洪水严重性的手段。在所有子流域内，根据模型的模拟结果提取各历史洪水过程的最大时段累积雨量、前期土壤饱和度和洪峰流量，进而基于二元线性划分算法，确定了各子流域的临界雨量指标。该方法可以克服 FFG 方法中需要反复运行水文模型来确定临界雨量的缺点，而只需通过连续运行水文模型或现场观测等方法来确定前期土壤饱和度。

2）使用命中率 POD、误报率 FAR 和综合评价指标 CSI 对所提出的预警方法进行了综合评价。评价从三个部分展开：①首先是对二元划分结果的评价，其 CSI 值在 0.28~0.77，表现出较优的性能。即使在交叉验证情境下进行二元线性划分，其 CSI 值也达到了 0.23~0.71。②其次是根据历史实测流量对基于临界雨量的预警方法进行的评价，其 CSI 值有 0.10~0.71，说明了这种方法具有与基于模型模拟流量的预测方法相似的预警性能，具有可靠性。③在未率定参数的子流域内对该方法进行评价。在这些流域内，临界雨量预警方法的 CSI 值在 0.38~0.62，证明了该方法对无资料地区也具有较好的适用性。

3）临界雨量指标在各流域内表现出较高的变异性。这种空间变异性表明，为了更有效地进行山洪预警，有必要在较小的空间尺度上计算临界雨量。此外，在湿润地区，临界雨量随土壤初始含水量的增加而显著降低，而在半干旱地区则仅仅是略有下降。这一结果表明，在湿润地区应用本章提出的方法时，必须要通过水文模型或现场观测等手段仔细估计并更新当前的土壤饱和度。而在半干旱地区，临界雨量的应用对前期土壤饱和度的敏感度较低。

4）历史资料的时间长度对临界雨量的计算有一定影响。在遂川江流域中，在进行线性划分时若将数据长度从 52 年减少至 13 年，CSI 值大大降低。为了获取较好的预警效果，建议用于线性划分过程的历史数据应包含 10 个超过临界流量的洪水事件。

第6章 全国山区小流域洪水预警的动态临界雨量指标

中华人民共和国成立以来，我国对大江大河的防洪减灾工作投入了大量人力物力，目前已取得重大成效，因洪水灾害导致的死亡人口不断降低。与此相对的是，长期以来我国对山区中小河流洪水灾害防治工作投入不足，山溪洪水已成为我国危害最大、死亡率最高的自然灾害之一。常见的洪水预报预警主要包括降雨径流预报方法和临界雨量预警方法两种。第一种方法基于降雨径流的预报，现有的水文模型无法满足全国范围山洪预报预警的需求。分布式水文模型所具有的各类优点使它在未来山区中小流域洪水预报中具有较高的应用潜力，但目前我国分布式模型或是仅应用于部分典型流域中，或是使用较为粗糙的时空分辨率，也暂未达到全国范围的广泛应用。而对于第二种方法，我国目前广泛使用的临界雨量指标计算方法较为原始，不考虑流域前期湿润状况的影响，假设降雨和洪水同频率，并且预报效果比较依赖洪水调查状况，精度有待提高。流域土壤含水量对于是否发生洪水或洪水量级十分重要，因此在计算临界雨量时必须考虑土壤水的影响。然而，土壤水具有较高的空间和时间变异性，土壤性质、植被、降雨、地形地貌等各种因素都会影响土壤水的动态变化过程，因此要精确估计小流域实时土壤水状态是十分困难的。因此，本章旨在建立高分辨率的产流及土壤水模拟模型，进而将第2章中建立的临界雨量计算方法推广应用至全国范围，主要的研究内容包括：基于分布式水文模型 GBHM 的全国高分辨率产流及土壤水动态模拟模型的构建及合理性评价；基于 SCS 无因次单位线的山区小流域汇流模拟；全国山区小流域的动态临界雨量指标划分。

6.1 基于 GBHM 的全国产流和土壤水动态模拟及评价

6.1.1 全国产流和土壤水动态模拟模型的构建

全国产流和土壤水动态模拟模型主要参考了分布式水文模型 GBHM 的产流

模块。模型将全国划分为一系列正方形网格，每个网格均被概化地视为沿河道两岸对称分布的山坡单元，并进一步在每个网格内根据高精度数据进行次网格参数化（例如按照土地利用和植被分类分别模拟水文过程）。山坡单元是模型的基本计算单元，模型在山坡单元内模拟降雨、截留、蒸发、下渗等过程，从而进行产流和土壤水的动态模拟。部分关键水文过程的物理描述如下。

（1）非饱和带土壤水运动

非饱和带指地表以下、潜水面以上的部分。模型仅考虑了垂直方向上的非饱和带土壤水分运动，而忽略了水平方向过程，其控制方程为 Darcy 定律（线性渗流定律）和水量平衡方程，可进一步推导为一维 Richards 方程（雷志栋等，1988），如式（6-1）所示：

$$\begin{cases} \dfrac{\partial \theta(z,t)}{\partial t} = -\dfrac{\partial q_v}{\partial z} + s(z,t) \\ q_v = -K(\theta,z)\left[\dfrac{\partial \Psi(\theta)}{\partial z} - 1\right] \end{cases} \tag{6-1}$$

式中，z 为从地表向下的土壤深度（m）；t 为时间步长；$\theta(z,t)$ 为土壤的体积含水率；q_v 为垂直方向上的土壤水通量；s 为源汇项，通常包括土壤的蒸发量（从土壤表层计算）和蒸腾量（从土壤根区计算）等，为负值；$K(\theta,z)$ 表示非饱和土壤导水率（m/h）；$\Psi(\theta)$ 为土壤水势。其中，$K(\theta,z)$ 和 $\Psi(\theta)$ 可分别根据 Brooks-Corey 公式和 Van Genuchten 公式，利用土壤含水量计算得出，如式（6-2）和式（6-3）所示：

$$\begin{cases} S_e = \left[\dfrac{1}{1+(a\psi)^n}\right]^m \\ S_e = \dfrac{(\theta-\theta_r)}{(\theta_s-\theta_r)} \end{cases} \tag{6-2}$$

式中，θ_r 和 θ_s 分别为土壤的残余含水量和饱和含水量，a、n 和 m 为表征土壤属性的常数，且有 $m=1/n$。

$$K(\theta,z) = K_s(z)S_e^n \tag{6-3}$$

式中，$K_s(z)$ 为距地表深度为 z 处的饱和导水率（m/h）。结合式（6-2），可进一步推导为

$$K(\theta,z) = K_s(z)S_e^{1/2}\left[1-(1-S_e^{1/m})^m\right]^2 \tag{6-4}$$

随着土壤深度增加，土壤饱和导水率一般随之减小。GBHM 中用指数衰减函数来刻画这一趋势，如式（6-5）所示：

$$K_s(z) = K_0\exp(-fz) \tag{6-5}$$

式中，K_0 为表层土壤的饱和导水率（m/h），f 为反映减小速度的正常数。

（2）坡面流和壤中流

降雨落在地表后，首先要入渗到土壤当中，该过程受上述一维 Richards 方程控制。根据降雨强度与入渗能力的相对大小，土壤表面的边界条件有所不同：以一种典型的情况为例：入渗初期，入渗能力超过降雨强度，所有降雨均渗入土壤当中，地表无积水，因而不产生地表径流；随着土壤含水率的增加，入渗能力逐渐降低，当降雨强度超过入渗能力后，降雨按照入渗能力渗入土壤，超出的部分在地表形成积水，进而产生地表径流。该过程可以用式（6-6）表示：

$$\begin{cases} -K(h)\dfrac{\partial h}{\partial z}+1=R, & \theta(0,t)\leqslant\theta_s, \quad t\leqslant t_p \\ h=h_0, \quad \theta(0,t)=\theta_s, \quad t>t_p \end{cases} \qquad (6-6)$$

式中，R 为经冠层截留等之后的净雨强度（mm/h），h 为积水深度（mm），h_0 为地表积水的深度（mm），$\theta(0,t)$ 为表层土壤的实际含水量，t_p 为积水开始的时间，t 为时间。

坡面流可根据积水深计算，GBHM 中简单依靠一维动力波方程计算坡面流，由曼宁公式简化后计算公式如下：

$$q_s=\frac{1}{n}S_0\,1/2h^{5/3} \qquad (6-7)$$

式中，q_s 表示坡面流单宽流量 [m³/（s·m）]；h 为积水深（m）；S_0 是山坡坡度。

随着降雨不断入渗进土壤，部分土壤的含水量逐渐接近饱和含水量，在重力作用下，土壤水逐渐沿山坡渗出形成壤中流，计算公式为

$$q_{\text{sub}}=K_0\sin\beta \qquad (6-8)$$

式中，q_{sub} 为壤中流的流速（m/s），K_0 为饱和土壤的水力传导系数（m/s），β 为山坡坡度。

（3）地下水出流

在 GBHM 当中，通过地下水与河道水位之间的水头差来计算地下水与河道水位的交换。由于在本章模型中并没有模拟汇流过程，且无法获取全国范围内的河道深度、宽度及河道内水位，因而这里改为采用通用陆面模型 CLM（Springer US，2011）中的地下水计算方法计算每个网格的地下水出流，该方法介绍如下。

在 Niu 等（2007）的工作中，出流量 q_{drai} [kg/（m·s）] 由下式计算：

$$q_{\text{drai}}=q_{\text{drai,max}}\exp(-f_{\text{drai}}z_{\nabla}) \qquad (6-9)$$

式中，q_{drai} 表示地下水出流量，$q_{\text{drai,max}}$ 表示可能最大出流量，f_{drai} 表示出流系数，z_{∇} 表示地下水埋深（m）。CLM 技术文档中，基于敏感性分析和对实测数据的比较，建议在模型无法率定时，衰减系数 f_{drai} 取值为 2.5/m，$q_{\text{drai,max}}$ 取值为 5.5×10^3 [kg/（m²·s）]。

地下水位埋深是根据 Niu 等（2007）的方法计算的，方法介绍如下。

假设一潜水层地下水单元存在于非饱和土壤层下端。地下水的计算取决于地下水位是位于包气带以下还是包气带以内。当地下水位位于土壤底层以下时，地下水的变化量与水位的变化量成正比：

$$G_{wst} = G_{wst} - q_{drai} \times t$$
$$D_{gl} = D_{gl} + q_{drai}/GW_{cs}$$

(6-10)

式中，G_{wst} 为地下水储量，D_{gl} 为地下水埋深，GW_{cs} 为地下水储存系数。包气带补给地下水潜水层的水量已在 GBHM 的山坡单元模块中计算，故式（6-10）中只包含了出流项而没有补给项。

当地下水位高于土壤底层时，先从土壤层的饱和区域中流出 $GW_{cs \times deltz}$ 的水量，deltz 为地下水位到土壤底层的厚度；此后地下水位的计算方法同上：

$$G_{wst} = G_{wst} - (q_{drai} \times t - GW_{cs \times deltz})$$
$$D_{gl} = D_{gl} + (q_{drai} \times t - GW_{cs \times deltz})/GW_{cs}$$

(6-11)

目前，GBHM 模型已经在长江流域（许继军，2011；高冰，2012；李哲等，2013）、黄河流域（杨大文等，2004；Cong et al.，2009；许凯，2015）、海河流域（马欢，2011；徐翔宇，2012）、黑河流域（Yang et al.，2015）、雅鲁藏布江流域（高冰等，2008）、松花江流域（潘健和唐莉华，2013）、滦河和北三河流域、新安江流域等众多流域中得到应用。参考上述模型的参数率定结果，依靠经验对部分参数进行了调整。

本节中建立的产流模型采用了 GCS_WGS_1984 地理坐标系统，研究区域的范围为 73°E ~ 136°E，18°N ~ 54°N，网格大小为 0.01°×0.01°，共 3600 行×6300 列计算网格，模拟的时间步长为 1h。模型的初始条件通过预热得到，以 2000 ~ 2014 年气象输入多次重复运行后继续以 2000 ~ 2002 年预热，得到的结果作为初始状态。模拟的主要输出包括产流量（可区分地表径流、壤中流和地下径流）、不同深度的土壤饱和度以及蒸散发资料等。

产流模型的开发语言为 Fortran 语言，依靠 Module 功能实现了程序的模块化。由于模型的计算量大，应用 MPI 函数库，实现了并行计算，并在清华大学高性能计算平台中进行运算。使用 60 个 CPU 核时，模拟 1 年的产流和土壤水过程约需 20h。目前模型已分别在水利部信息中心（水利部水文水资源监测预报中心）和中国水利水电科学研究院防洪抗旱减灾工程技术研究中心实时运行，协助洪水预警。

6.1.2　模拟结果的合理性评价

基于 6.1.1 节中建立的模型，本节模拟了 2003 ~ 2014 年的全国产流量及土壤水动态变化过程。为了验证模型模拟结果的合理性，本节从水量平衡、长江流域主要水文站月径流过程以及模型模拟土壤水与实测土壤水的对比结果等方面对模型进行评价。

（1）水量平衡分析

为了验证模拟结果的合理性，将全国按流域划分为十大水资源一级区。根据实测或模型模拟的结果，分别统计了十大区内多年平均降水量、多年平均土壤饱和度、模拟年径流深。同时，从水利部 2003～2014 年的水资源公报当中，获取了各水资源一级区的天然年径流深，进而计算了模拟年径流深的相对偏差。统计结果如表 6-1 所示。

表 6-1　水资源一级区 2003～2014 年多年平均的年降水量、模拟土壤饱和度、模拟年径流深与实测天然年径流深

水资源一级区	年降水量/mm	30cm 处土壤饱和度	模拟年径流深/mm	实测天然年径流深/mm	模拟径流深相对偏差/%
松花江区	454.4	0.58	125.5	129.5	−3
辽河区	478.2	0.53	141.7	124.2	14
西北诸河区	169.8	0.39	30.9	38.0	−19
海河区	463.8	0.50	37.0	39.0	−5
黄河区	422.8	0.53	62.0	69.8	−11
长江区	947.4	0.74	483.3	516.5	−6
淮河区	747.8	0.64	206.1	217.6	−5
东南诸河区	1504.4	0.79	899	966.8	−7
西南诸河区	763.3	0.71	624.7	654.2	−5
珠江区	1340.9	0.79	811.9	791.4	3

从表 6-1 中可以看出，模拟的年径流深与实测天然年径流深的偏差大多在10% 以内，说明模型的模拟结果具有较好的可靠性。总体而言，降水量丰富的流域径流深模拟的偏差相对较小，而误差较大的区域主要分布在干旱半干旱区，如西北诸河区和黄河片区。多年平均土壤饱和度的高低也与其所在气候区相符，最湿润的珠江区与东南诸河区的平均土壤饱和度最高，30cm 深处的年平均土壤饱和度接近 0.8，其次是长江区与西南诸河区，分别为 0.74 和 0.71；北方河流的平均土壤饱和度较小，大多在 0.5～0.7，其中西北诸河区的土壤饱和度最低，30cm 处的多年平均土壤饱和度低于 0.4。

（2）长江流域主要水文站逐月径流分析

对于长江流域，我们获取了部分水文站点的径流过程，包括屏山、高场、北

碛、寸滩、武隆、宜昌、黄家港、桃源、湘潭、外洲、汉口和大通（表6-2），并将模拟的逐月径流过程与实测结果相比较，结果如图6-1所示。

表 6-2 长江流域主要水文站信息

水文站点	所属河流及分区	站点控制面积（$10^4 km^2$）	水文站点	所属河流及分区	站点控制面积（$10^4 km^2$）
屏山	金沙江	45.86	湘潭	湘江	8.16
高场	岷江	13.54	外洲	赣江	8.09
北碛	嘉陵江	15.67	寸滩	上游干流	86.66
武隆	乌江	8.30	宜昌	上游干流	100.55
黄家港	汉江	9.52	汉口	中游干流	148.8
桃源	沅江	8.52	大通	下游干流	170.54

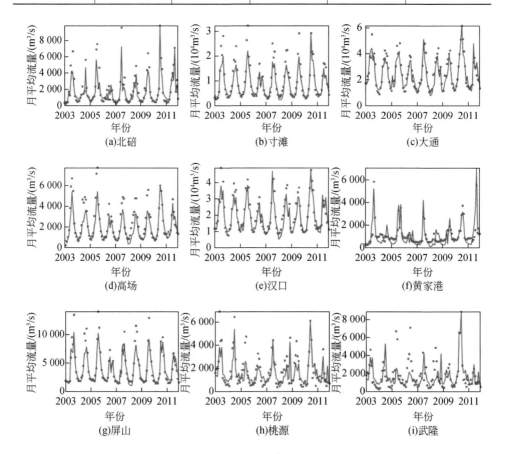

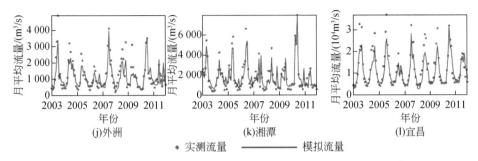

图 6-1　长江流域各主要水文站点 2011 年模拟与实测逐月径流过程对比图

可以看到，除黄家港站的基流模拟结果和外洲站的峰值结果模拟偏差略大外，大多数站点模拟的流量与实测的流量总体上比较吻合。表 6-3 则统计了 2003 ~ 2012 年逐月径流的评价指标。结果显示，仅外洲站与黄家港站的纳什系数较低，分别为 0.41 和 0.62；高场和寸滩的相对偏差略大，分别达 –18.67% 以及 –14.10%。除此之外，大部分站点的纳什系数在 0.8 以上，相对偏差 10% 以下，相关系数为 0.9 以上。说明模型不仅能够较好地模拟年径流深，对逐月的径流变化过程也具有较好的模拟效果。值得注意的是本节中的模拟流量是指本月产流的径流深经过单位换算转化为流量的数值大小，但模型没有计算汇流过程，在某些月份可能会产生一定的偏差。

表 6-3　长江流域主要水文站 2003 ~ 2012 年逐月径流模拟结果

水文站	NSE	RB/%	CC	水文站	NSE	RB/%	CC
屏山	0.86	–7.84	0.96	湘潭	0.85	–2.21	0.93
高场	0.74	–18.67	0.92	外洲	0.41	–8.32	0.67
北碚	0.85	–13.21	0.95	寸滩	0.82	–14.1	0.96
武隆	0.76	–9.67	0.89	宜昌	0.81	–11.86	0.94
黄家港	0.62	–3.6	0.87	汉口	0.82	–8.3	0.92
桃源	0.72	–11.63	0.87	大通	0.8	–6.63	0.91

(3) 土壤水与农气站实测结果的比较

进一步，本书研究收集了中国农作物生长发育和农田土壤湿度旬值数据集中的土壤数据，与模拟的土壤饱和度进行对比。该数据在山丘区内共 426 个农气站点。农气站的数据为土壤相对湿度，即土壤含水量除以田间持水量；生长季内每旬一次观测，观测深度包括 10cm、20cm、50cm、70cm、100cm 处的土壤相对湿度。本节对比中，选取了 20cm 的观测土壤相对湿度，与模拟的旬平均 30cm 深处的土壤饱和度进行对比。山丘区内农气站的位置见图 6-2，实测土壤相对湿度与模拟土壤饱和度结果的对比图见图 6-6。

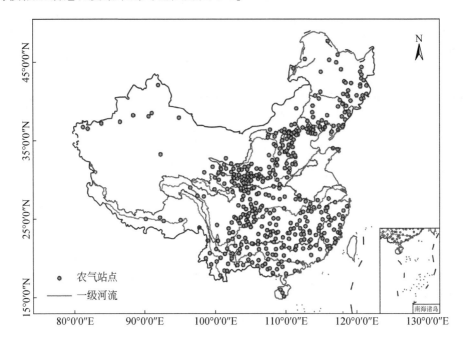

图 6-2　我国山丘区内的农气站点分布图

　　模拟的旬平均土壤 30cm 深的土壤饱和度与农气站实测的 20cm 深土壤相对湿度的相关系数为 0.50，一致性较好。考虑到模拟与实测土壤湿度数据的不匹配，许多非模拟误差的因素降低了二者的相关系数：第一，模拟数据为 30cm 的土壤饱和度 [（土壤含水量–土壤残余含水量）/（土壤饱和含水量–土壤残余含水量）]，而实测数据为 20cm 深的土壤相对湿度（土壤含水量/田间持水量），土壤深度不同且指标不同，可能带来一定的偏差；第二，农气站所测为点尺度的土壤相对湿度，而模型模拟的为 1km² 网格内的平均土壤饱和度，尺度不匹配也可能带来一定偏差；第三，农气站所测值为旬内某一天的土壤相对湿度，而模拟的为旬平均的土壤饱和度，时间不匹配可能造成误差；第四，从图 6-3 中可以明显看到，农气站实测土壤湿度有更多的观测值处于接近饱和的状态，暗示农气站处可能存在灌溉的情况，导致土壤相对湿度偏高。综上所述，在各种偏差的影响下，模拟的土壤 30cm 深的土壤饱和度与农气站 20cm 实测的土壤相对湿度之间 0.50 的相关系数已是一个较为不错的数值，且模拟与实测之间没有明显的偏高或偏低的系统性偏差，表明模型对土壤水的动态模拟结果较为可靠，可以作为山洪预警中前期土壤湿润状况的指标。

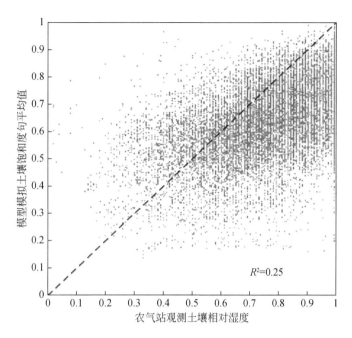

图 6-3　2005～2006 年生长季内 30cm 深模拟土壤饱和度
与农气站 20cm 深观测土壤相对湿度对比图

6.2　基于 SCS 无因次单位线的山区
小流域汇流模拟

在产流模拟之后，需要进一步对其进行汇流演算，进而得到流域出口处的流量过程线。单位线法是常见的汇流模拟方法之一，单位线是指流域上均匀的单位净雨深汇流到流域出口所形成的流量过程线。在有观测的流域中，单位线可以通过观测降水及径流过程进行推求。而对于大多数缺少观测的流域，人们只能构造一些综合单位线来进行汇流计算。常见的人造综合单位线包括 Snyder（1938），以及 Soil Conservation Service（SCS）等。SCS 的汇流单位线是通过调查大量不同大小、不同地貌、不同区域的流域经验单位线，对其深入分析并无因次化而得到的。由于其计算简单、适用性广、所需参数少等优点，被广泛应用于无资料地区中的汇流模拟，本节中也采用了 SCS 无因次单位进行汇流演算。

6.2.1 基于 SCS 无因次单位线的汇流计算

SCS 模型中用一条固定的无因次单位线来进行汇流演算。在 SCS 的单位线中，其计算时段通常为变化值，因此横纵坐标只能以 t/t_p 或 q/q_p 表示。该单位线的示意图如图 6-4 所示。

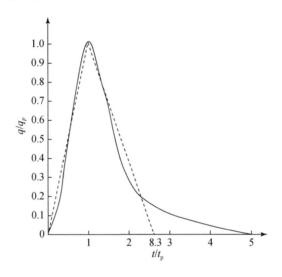

图 6-4　SCS 无因次单位线及其简化曲线的示意图

为了简化计算，通常将上述单位线形状转化为一三角形（孙立堂，2008）：保持洪峰出现时间不变，并使得三角形的底宽长度为峰现时间的 8/3 倍。在这种假定下，确定该单位线形状的参数仅有洪峰流量 q_p 和峰现时间 t_p。

洪峰流量按照下式计算（可根据水量平衡推导）：

$$q_p = \frac{0.208FR}{t_p} \tag{6-12}$$

式中，q_p 为单位线产生的洪峰流量（m^3/s）；t_p 为峰现时间，单位为 h；R 为净雨深（mm）；F 为流域面积（km^2）。峰现时间 t_p 可以根据汇流时间 t_c 来确定：

$$t_p = \frac{2}{3}t_c \tag{6-13}$$

t_c 则可以通过与洪峰时滞 L 的关系求解：

$$t_c = \frac{5}{3}L \tag{6-14}$$

洪峰时滞 L 是根据流域地形地貌以及流域潜在入渗量 S 计算：

$$t_c = \frac{l^{0.8}(S+25.4)^{0.7}}{7069y^{0.5}} \tag{6-15}$$

式中，l 为流域分水岭沿主河槽的水流长度（m）；y 表示流域的平均坡度（%）。
S 通过一个曲线数 CN 来计算：

$$S = \frac{25\,400}{CN} - 254 \tag{6-16}$$

CN 是一个能够综合反映流域的土壤地质、土地利用类型、植被、坡度以及
流域前期湿润状况等的参数。

在以上各公式中，待确定的参数只有流域平均坡度 y；流域分水岭沿主河槽
的水流长度 l，以及曲线数 CN。其中，前二者可以通过数字高程地图计算，例如
坡度的计算可采用 ArcGIS 软件中 slope 的命令；水流长度 l 的计算可通过 ArcGIS
中 flowlength 命令（注意选取参数应为 upstream）计算。CN 可以根据流域具体情
况计算，具体可参见孙立堂（2008）等；本节中则从 Zeng 等（2017）发布的
NRCS 曲线数全球数据集中提取了 CN 的值。该数据集利用了最新的 MODIS 土地
覆盖和和谐世界土壤数据库，并表现出较上一代 CN 数据集更好的效果。该数据
集的空间分辨率为 500m 左右，CN 值对应的是前期影响雨量为 Ⅱ 级的情况，其
他情况可根据固定关系进行转换。前期影响雨量的计算或分类以及不同前期影响
雨量下 CN 的转换可参考孙立堂（2008）等。

原始的无因次单位线的时间步长取为 $\Delta t = 0.133t_c$，为了简化计算，本章中固
定采用 1h 步长作为汇流步长。可以借助 S 曲线方法将原始单位线转化为 1h 步长的
时段单位线（杨大文等，2014）。S 曲线的概念为：流域上均匀且连续的降雨（每
个时段都有一个单位净雨）在流域出口断面形成的流量过程线。即，S 曲线为单位
线的累积曲线。按照上述概念，时段为 Δt 的原始单位线的 S 曲线为

$$S(t) = \begin{cases} \dfrac{1}{2}q_p t_p \times \left(\dfrac{t}{t_p}\right)^2, & t \leqslant t_p \\[3mm] \dfrac{4}{3}q_p t_p - \dfrac{4}{3}q_p t_p \times \left(\dfrac{\frac{8}{3}t_p - t}{\frac{5}{3}t_p}\right)^2, & t_p < t \leqslant \dfrac{8}{3}t_p \\[3mm] \dfrac{4}{3}q_p t_p, & t > \dfrac{8}{3}t_p \end{cases} \tag{6-17}$$

则 1h 步长的单位线 $q(t)$ 为

$$q(t) = 0.133t_c[S(t) - S(t-1)] \tag{6-18}$$

6.2.2 小流域的划分

流域的河网水系特征取决于流域地形，因此人们通常根据数字高程模型 DEM，在 ArcGIS 软件中进行流域划分和流域特征提取。利用 ArcGIS 进行流域划分通常包括以下步骤。

(1) 填洼

Mark（1988）曾指出，自然界中很少出现 10m 或以上量级的深坑；而在 DEM 当中，由于数据误差和采样问题，通常会带来许多凹点。如果不处理这些凹点，可能会使得划分的河网不连续。在 ArcGIS 中可通过 Fill 命令来完成填洼步骤。它是依据"淹没"步骤完成的，即不断抬高该点地形直到水流能从该点流出。具体的算法可参考 Jenson 和 Domingue（1988）。

(2) 水流方向提取

填洼处理后的 DEM，可用于提取水流方向矩阵。提取流向的方法包括单向流法和多向流法（Qin et al.，2007）两种。D8 方法（Greenlee，1987）是单流向法的一种，也是最常用的方法之一。即在一个 3×3 的网格中，计算中心网格与周边 8 个网格的坡降，坡降最大的网格所在方向即为中心网格的流向。这一操作可在 ArcGIS 软件中的 flow direction 命令完成。

(3) 汇流累积量计算

假设每个网格均有一个单位水流，根据水流方向矩阵，可计算各网格水流流过的网格，进而通过正向追踪或反向搜索技术，计算流过每个网格的水流量，也即汇流累积量。

(4) 河网划分

根据 O'Callaghan 和 Mark（1984）提出的坡面径流模拟法可以进一步提取水系。该方法认为，当汇流累积量超过某一阈值时，即被认为是河道。在本节中，该阈值取为 500。这一步骤可以通过 ArcGIS 的 raster calculator 命令完成。

(5) 子流域划分

在划分子流域前，需要对河网进行连接操作。河网连接用于划分不同节点之间的河段，节点是指各不同河网之间的交叉点；这一步骤同时确定了每个河段的入口与出口。对于每个河段的出口，利用反向搜索技术沿河网向上搜索所有的集水区域，即可确定该子流域的范围。这一步骤可通过 ArcGIS 中的 stream link 和 watershed 命令实现。

(6) 提取计算流域

针对本书研究的特性，本节仅选取源头小流域作为研究对象。这一步骤可通过河网连接文件和水流方向文件确定：①根据水流方向文件可确定河网连接文件中每个河段的入口或出口；②进一步可以确定各子流域的上下游关系；③没有上游流域的子流域即为源头小流域。另外，对于许多平原地区，由于地形坡度较低，ArcGIS 在计算水流方向和划分子流域时会形成许多平行河道和边界平行的子流域。因此在研究中仅选取了流域平均坡度大于 5% 的小流域，并筛除了部分划分明显不合理的流域。同时，由于中小流域洪水在干旱地区的影响较小，本节只选取了分布于湿润区或半湿润半干旱区的流域（以多年平均降雨量超过 400mm 计算）。

按照上述方法，本节中共提取了 1849 个子流域，分布如图 6-5（a）所示。可以看到，本节研究中选取的流域范围与《全国山洪灾害防治规划报告》中的综合防治区划图具有高度一致性。这些流域的平均面积为 1150km²。SCS 无因次单位线计算中用到的水流长度、平均坡度以及流域平均 CN 值如图 6-5（b）~图 6-5（d）所示。

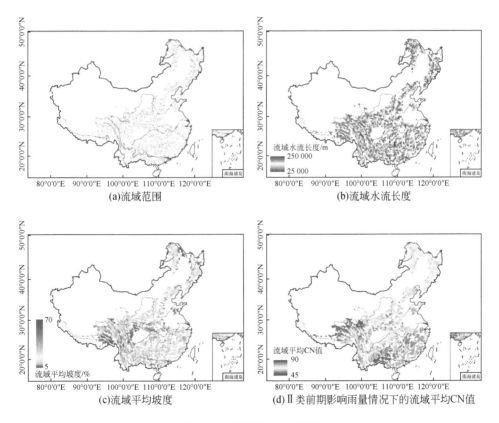

图 6-5　研究流域相关参数

6.3 全国山区小流域临界雨量指标确定

按照动态临界雨量计算方法，本书计算了 6.2.2 节中划分的 1849 个流域的临界雨量指标。其中，警戒流量统一取为 2 年一遇的流量，该流量依靠模拟的小时流量过程进行频率分析得到。计算得到了 3~12h 不同前期土壤饱和度下的临界雨量，鉴于篇幅所限，这里仅给出了前期土壤饱和度分别为 0.25、0.50 和 0.75 时对应的 6 小时临界雨量值，如图 6-6~图 6-8 所示。

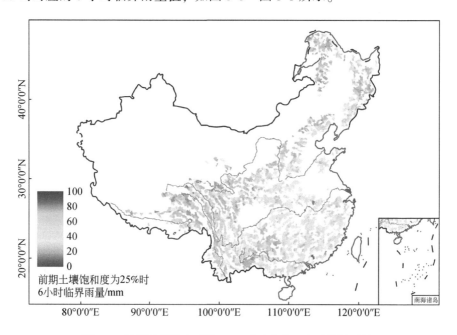

图 6-6　前期土壤饱和度为 25% 时对应的 6 小时临界雨量

6.1 节中建立的土壤水动态模拟模型可以用来实时更新全国的土壤饱和度状况（模型已在中国水利水电科学研究院防洪抗旱减灾工程技术研究中心国家山洪预警平台实时运行），进而可以根据本节计算结果确定当前土壤饱和度下的临界雨量指标，并根据接下来一段时间的观测或是预报降雨进行山洪预警。

总体上，各流域的临界雨量呈现出东南高、西北低的特点，与各流域的多年平均降雨分布一致。图 6-9 显示的是计算流域的多年平均降雨与 50% 土壤饱和度下 6h 临界雨量的散点图。从图中可以看出，二者的相关性较高，相关系数 R^2 为 0.36 左右。但同时也表明，除降雨量外，其他因素例如地形地貌、植被状况、

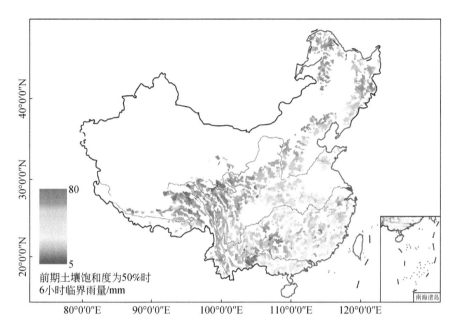

图 6-7　前期土壤饱和度为 50% 时对应的 6 小时临界雨量

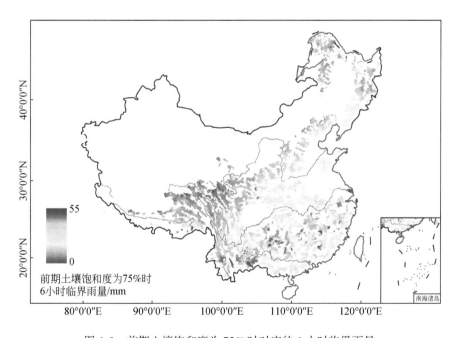

图 6-8　前期土壤饱和度为 75% 时对应的 6 小时临界雨量

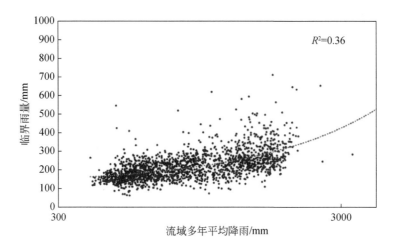

图 6-9　50% 土壤饱和度下 6 小时临界雨量与流域多年平均降雨关系

人类活动等对临界雨量大小也有重要影响。

6.4　小　　结

本书研究基于 GBHM 构建了全国范围的产流与土壤水动态模拟模型，使用 SCS 无因次单位线进行了全国小流域的汇流演算，进而基于模拟结果推导了 1849 个小流域的动态临界雨量指标。主要成果包括以下三方面。

1）根据地形、植被、土地利用、气候、土壤属性等参数，建立了全国产流及土壤水动态模拟模型。研究范围覆盖全国，并采用了较高的网格精度（$0.01°\times0.01°$）。模型运行并输出了 2003～2014 年全国逐时网格产流深和土壤水含量结果；而后从水资源一级分区的水量平衡、长江流域主要站点径流过程及农气站实测土壤相对湿度等方面对结果进行了合理性分析，分析表明模型的模拟结果合理可靠。

2）基于数字高程模型，在全国范围内提取划分了 1849 个山区源头小流域，并计算了各流域的平均坡度、水流长度、平均曲线数 CN 值等参数。根据 SCS 无因次单位线，对各流域内的产流量进行了汇流演算，得到各流域出口处 2003～2014 年的逐时模拟流量过程。

3）对各流域的模拟流量进行频率分析，计算了两年一遇的洪峰流量作为警戒流量。根据模拟结果，提取了模拟期间内各场洪水过程对应的洪峰流量、前期土壤饱和度、时段最大累积雨量组合；进而根据线性划分的方法计算了全国山区小流域的动态临界雨量指标。临界雨量指标的空间分布总体上与多年平均降水量一致，但同时也与地形、植被、土地利用等流域特征有关。

第7章 基于机器学习算法的山洪灾害风险等级划定方法及其应用

成灾流量是研究区内可能发生山洪灾害的最低水位所对应的流量,该指标对于防洪现状能力评价和预警指标确定至关重要。传统的成灾流量确定方法通常需要实地测量得到河道断面形态,再根据水位流量关系得到成灾流量,分为曼宁公式法或能量法(张阳阳等,2016)。曼宁公式法适用于断面所在河道顺直,且断面尺寸基本没有变化的恒定均匀流。能量法适用于布设断面不符合均匀流条件,河道断面没有明显的冲淤变化且河床相对稳定的情景。然而,山丘区通常缺乏实测的水文资料且河道内地形条件复杂,难以确定成灾水位及水位流量关系,因此不适用于获取山区小流域的成灾流量。

此外,传统的临界雨量方法仅能判断山洪灾害发生而无法判别洪水量级,难以识别山洪灾害的风险等级(叶金印等,2016)。为使得山洪预警更具有针对性,亟需发展更为有效的小流域洪水动态预报预警方法,提升对山洪的监测和预报能力,延长山洪灾害预警的预见期(Huntington,2006)。为此,在动态临界雨量方法的基础上,本章进一步发展了基于机器学习算法的山洪灾害分级预警方法,并在闽江下游小流域进行应用。

7.1 基于人工神经网络算法的成灾流量/水位确定方法

7.1.1 研究区基本资料

研究区域为闽江下游山区流域,流域面积 12701km^2,占福建省总面积 10.2%(图7-1)。该流域位于 116°E ~ 119°E,25°N ~ 28°N,地处亚热带海洋季风区,年平均温度为 16 ~ 20℃。流域多年平均降雨量为 1617mm,其中汛期(4 ~ 9 月)降水占年总降水量的 70% ~ 80%。流域内河流众多,河网密度高,地形地貌主要由山地和丘陵构成,因此极易诱发山洪灾害(陈莹等,2011;叶陈雷等,2021;张星等,2009)。

　　研究中所用数据包括基础地理信息数据和水文气象数据。流域地貌信息包括高程、坡度等，由 DEM 高程数据获得，来自 SRTM（http://srtm.csi.cgiar.org），空间精度为 90m。降雨气象数据来自国家气象信息中心提供的气象站 1979～2017 年逐日降水资料，流域内共有 5 个气象站。人口分布数据来自 GHSL（https://ghslsys.jrc.ec.europa.eu），空间精度 250m。研究区历史实测成灾流量（共 413 个村庄点成灾流量）、子流域汇流时间、洪峰模数、土地利用、土壤类型及涉水工程等数据由中国水利水电科学研究院提供。成灾流量为研究区内可能发生山洪灾害的最低水位所对应的流量（张阳阳等，2016）。此外，为率定与验证水文模型，从水利部水情中心收集了研究区内 3 个水文站（图 7-1）1988～1999 年的实测日径流资料。

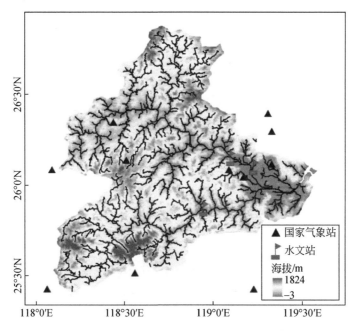

图 7-1　研究区示意图

7.1.2　模型检验

　　首先基于 GBHM 模型进行流域长序列径流模拟（1988～2009 年），其中模型率定期为 1988～1993 年，验证期为 1994～1999 年。流域的网格大小设置为 1km，模型模拟的时间步长为 1h。GBHM 模型是 Yang 等（1998，2002）开发的基于地貌的分布式水文模型（geomorphology-based hydrological model，GBHM），关于模型的详细描述请参见杨大文和楠田哲也（2005）、许继军等（2007）。

基于 GBHM 模型进行流域长序列径流模拟，并对比模拟径流与研究区内永泰站、文山里站和竹岐站的实测日径流，评价指标为纳什效率系数（NSE）及平均相对误差（MRE）。评价结果显示，率定期内模拟日径流的 NSE 在 0.81 ~ 0.86 范围，MRE 在 2% ~ 3% 范围，而验证期内的 NSE 在 0.76 ~ 0.85 范围，MRE 在 3% ~ 6% 范围，表明模型在研究区有较好的适用性（图 7-2）。

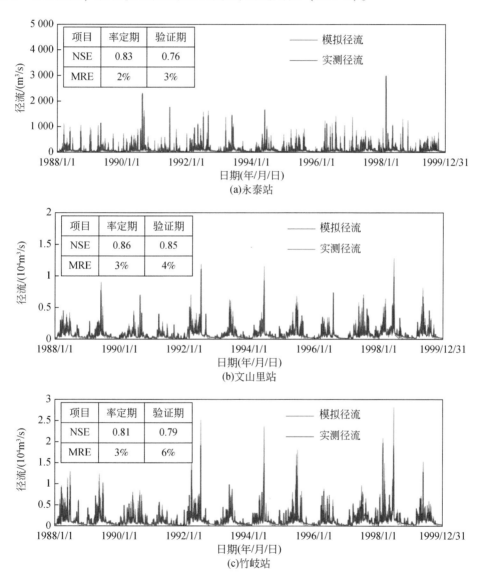

图 7-2　模拟径流与实测日径流对比

7.1.3 成灾流量/水位确定方法

为推求无资料地区的成灾流量,本文采用 BP 神经网络构建成灾流量与风险因子的统计关系,其中模型采用两层神经网络结构,训练函数为 trainlm,将 70% 的样本用于训练,15% 用于验证,15% 用于测试。基于该统计关系得到研究区像元尺度的成灾流量分布,然后在每个子流域上将成灾流量分布与重采样至同一空间精度的人口分布进行对比,选取所有人口不为零像元的成灾流量的最小值作为该子流域的成灾流量。采用 P-Ⅲ 型频率曲线对子流域径流资料进行水文频率分析,确定成灾流量的历史重现期。在构建成灾流量与风险因子关系时,参考已有山洪风险因子的研究(郭良等,2017;张晓蕾等,2019),主要考虑土地利用类型、土壤类型、洪峰模数(10min5mm,10min30mm、10min50mm)、汇流时间(10min5mm,10min30mm、10min50mm)、人口分布、流域内与河网的高程差、距离及涉水工程数量等风险因子。

基于 BP 神经网络构建成灾流量与山洪风险因子的统计关系,用于估测无资料地区的成灾流量,并采用决定系数 R^2 和平均相对误差 MRE 对估测结果进行评价。评价结果显示,全部样本的 R^2 和 MRE 达到 0.64 和 -1.2%,其中训练集、验证集和训练集的 R^2 在 0.55 ~ 0.66 范围,MRE 在 -1% ~ 3% 范围,未出现过拟合现象,表明方法在该流域估算成灾流量有较好的应用效果(图 7-3)。

7.1.4 成灾流量空间分布

基于成灾流量与山洪风险因子的统计关系估测研究区的成灾流量,得到像元尺度的成灾流量分布,进一步结合人口分布及水文频率分析方法确定子流域成灾

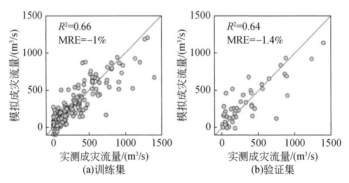

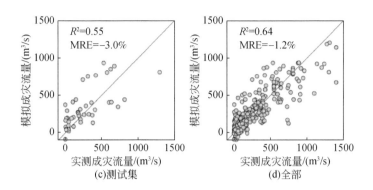

图 7-3 成灾流量实测值与 BP 网络模拟值对比

流量及其对应的历史重现期（图 7-4）。流域平均成灾流量为 790m³/s，成灾流量历史重现期主要分布在 1~2 年。成灾流量的主要控制因素为小流域的洪峰模数、平均坡度、河段坡降、人口密度及离河距离，随洪峰模数、平均坡度、河段坡降和人口密度的增加而减少，而随离河距离的增加而增加。洪峰模数代表子流域单位面积上的产洪能力，因此洪峰模数越高意味着山洪灾害的危险程度越大。洪峰模数通常随流域平均海拔和平均坡度的增加而增加（朱健和黄玉英，2015）。流域坡度反映了下垫面的陡缓程度，在强降雨条件下，陡坡区域能够更快地汇流形成洪峰，因此山洪灾害的威胁更大（熊俊楠等，2019）。此外，山洪灾害易发生在地势较低的沿河道两岸，因此离河流越近的区域遭受山洪的可能性就越高。Carpenter 等（1999）指出平滩流量与 1~2 年重现期的河道流量之间存在良好统计关系，本文结果验证了该观点（程卫帅，2013；Schmidt et al.，2007；Gourley et al.，2012；Ntelekos et al.，2006）。

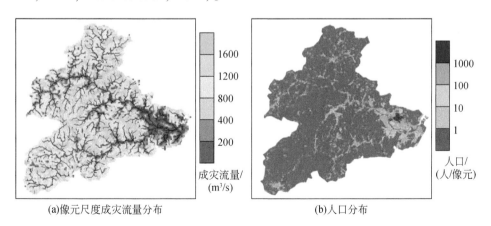

(a)像元尺度成灾流量分布　　(b)人口分布

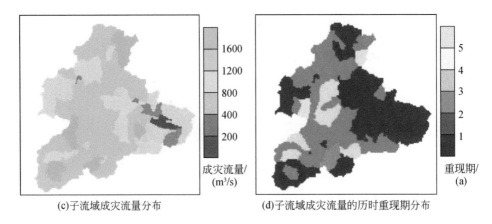

(c)子流域成灾流量分布　　　　(d)子流域成灾流量的历时重现期分布

图7-4　成灾流量及人口分布

7.2　基于动态临界雨量指标的不同风险等级山洪风险预警

7.2.1　山洪风险等级划定方法

根据成灾流量的重现期（T）的不同倍数划分不同山洪灾害风险等级，即Ⅳ级（蓝色预警，T），Ⅲ级（黄色预警，$2T$），Ⅱ级（橙色预警，$4T$），Ⅰ级（红色预警，$10T$），并通过水文频率分析推求对应风险等级的临界流量。临界流量为不同等级的山洪风险所对应的流量，其中Ⅳ级蓝色预警的临界流量与成灾流量相同。

根据成灾流量重现期分布及山洪灾害风险等级划分方法，得到不同风险等级对应临界流量的空间分布（图7-5）。Ⅳ级风险对应的临界流量空间分布与流域地形分布高度相关。而Ⅲ级、Ⅱ级和Ⅰ级风险对应的临界流量的空间分布主要受汇流关系影响，下游地区的成灾流量普遍高于上游地区。

7.2.2　动态临界雨量指标计算

基于动态临界雨量的山洪预警方法，其思路是结合水文模型模拟的降雨径流过程和土壤湿度信息，反推出流域出口断面洪峰流量达到临界流量所需的降雨量。该临界雨量由临界流量和前期土壤饱和度共同决定，因此称之为动态临界雨

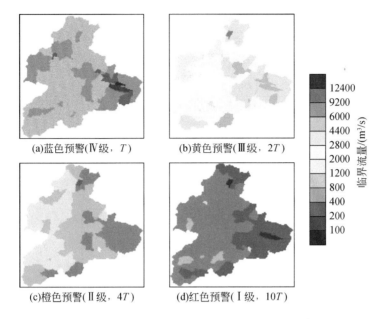

(a)蓝色预警(Ⅳ级，T)　　　　(b)黄色预警(Ⅲ级，$2T$)

(c)橙色预警(Ⅱ级，$4T$)　　　　(d)红色预警(Ⅰ级，$10T$)

图 7-5　不同风险等级对应临界流量的空间分布

量。计算步骤详见第 5 章第 5.1.1 节。

基于临界流量结果，本章进一步确定了在不同前期土壤饱和度情况下不同山洪风险等级所对应的多阶段临界雨量（表 7-1）。临界雨量随着前期土壤饱和度的增加而减少，这是因为流域产流机制对前期土壤饱和度和临界雨量的关系有影响。研究区的产流模式由蓄满产流主导，因此临界雨量随土壤含水量的增加而下降。此外，临界雨量也随山洪风险等级的提升及预见期的增加而增加。

图 7-6 显示了前期土壤饱和度达到 25% 时，Ⅳ级山洪风险对应的临界雨量分布。不同预见期下的临界雨量的空间分布相似，但在流域内受局地水文变化影响表现出较高的空间变异性，表明临界降雨量的估计应当在较小的空间尺度上开展。

表 7-1　研究区不同风险等级对应的临界雨量

风险等级	时段/h	土壤饱和度			风险等级	时段/h	土壤饱和度		
		0.25	0.5	0.75			0.25	0.5	0.75
Ⅳ级	1	9.7	7.1	4.6	Ⅲ级	1	18.1	13.4	8.6
	3	12.0	8.8	5.7		3	23.4	17.2	11.1
	6	16.7	12.3	7.9		6	32.3	23.8	15.3
	12	19.4	14.3	9.2		12	36.8	27.1	17.4
	24	23.9	17.6	11.3		24	46.3	34.1	21.9

续表

风险等级	时段/h	土壤饱和度			风险等级	时段/h	土壤饱和度		
		0.25	0.5	0.75			0.25	0.5	0.75
Ⅱ级	1	26.5	19.6	12.6	Ⅰ级	1	37.8	27.9	17.9
	3	32.8	24.1	15.5		3	47.4	34.9	22.4
	6	46.4	34.2	22.0		6	66.7	49.2	31.6
	12	52.9	38.9	25.0		12	77.5	57.1	36.7
	24	66.2	48.8	31.3		24	95.4	70.3	45.2

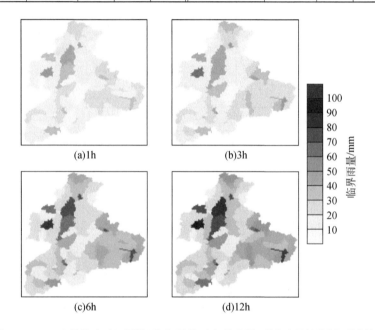

(a)1h   (b)3h

(c)6h   (d)12h

临界雨量/mm

100
90
80
70
60
50
40
30
20
10

图7-6　25%土壤饱和度下Ⅳ级蓝色预警对应的流域不同时段的临界雨量分布

7.2.3　山洪预警结果分析

　　采用追算（hindcast）方法对本书提出的山洪预警方法的可靠性进行评价。首先根据每小时的土壤饱和度实时更新不同时段、不同风险等级对应的临界雨量；然后，根据随后不同时段累积雨量与对应的临界雨量的比较结果，进行山洪分级预警。同时，对比出口断面流量与临界流量，确定是否实际发生了对应等级的山洪灾害。评价指标采用命中率（POD）、误报率（FAR）和综合评价指标（CSI），其计算公式分别为

$$POD = \frac{H}{H+M} \qquad (7-1)$$

$$FAR = \frac{FA}{H+FA} \qquad (7-2)$$

$$CSI = \frac{H}{H+M+FA} = \frac{1}{POD^{-1}+(1-FAR)^{-1}-1} \qquad (7-3)$$

式中，H 为发生山洪且成功预警的次数；M 为发生山洪但没有预警的次数；FA 为没有发生超过警戒流量的山洪但发出预警的次数。POD 与 FAR 的范围在 0 到 1 之间，POD=1 表示准确预警全部山洪场次，FAR=0 表示没有错误预警。较高的 POD 值和较低的 FAR 值对应较高的 CSI 值，代表预警效果良好。

预警方法在闽江下游山区小流域的应用效果如图 7-7 所示。在不同预见期下，对不同等级山洪预警的平均 CSI 值为 0.27 ~ 0.55，预警效果较好，其中Ⅳ级山洪风险预警的平均命中率在为 0.61 ~ 0.66，平均误报率为 0.12 ~ 0.14。尽管预警方法的应用效果随着山洪风险等级的提升而有所下降，但均高于美国国家气象局全国尺度山洪预报指导系统的 0.2 基准值（Clark et al.，2014），表明该方法具有可靠性。

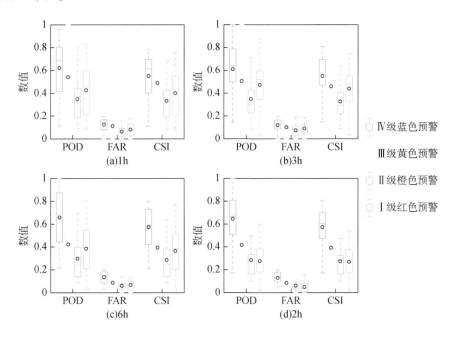

图 7-7　不同预见期下子流域山洪分级预警效果

7.3 小   结

　　基于已有的成灾流量资料以及小流域的山洪灾害关键风险因子，构建小流域成灾流量重现期与关键风险因子的对应关系，并推广到无资料地区推求成灾流量。这种方法可以为无资料地区提供一种估测洪水严重性的手段。在所有子流域内，提取各历史洪水过程的最大时段累积雨量、前期土壤饱和度和洪峰流量，进而基于二元线性划分算法，确定各子流域的临界雨量指标。该方法可以克服 FFG 方法中需要反复运行水文模型来确定临界雨量的缺点，而只需通过连续运行水文模型或现场观测等方法来确定前期土壤饱和度。此外，基于成灾流量的重现期划分山洪风险等级并进行分级预警的方法弥补了传统预警方法只采用单一指标判断有无山洪灾害的局限性。

　　临界雨量指标在各流域内表现出较高的变异性。这种空间变异性表明，为了更有效地进行山洪预警，有必要在较小的空间尺度上计算临界雨量。此外，在湿润地区，临界雨量随土壤初始含水量的增加而显著降低，而在半干旱地区则仅仅是略有下降。这一结果表明，在湿润地区应用本章提出的方法时，必须要通过水文模型或现场观测等手段仔细估计并更新当前的土壤饱和度。而在半干旱地区，临界雨量的应用对前期土壤饱和度的敏感度较低。

　　本章所发展的山洪灾害预警方法有效考虑了流域前期湿润状况的影响，实现了山洪的多阶段分级预警，在业务应用中能够为山洪灾害防御提供充分信息、争取更多应急反应时间，因此对全国山洪灾害防治工作有重要参考价值。

第8章 山洪灾害风险预报预警的不确定性分析

我国地处东南亚季风气候区，拥有超过5万多条中小河流，因此洪水灾害频发，严重危害我国社会经济和人民群众生命安全。目前我国对于大江大河的抗灾减灾体系已经逐渐成型，但中小河流的山洪预报预警和管理体系的发展仍相对滞后。据报道，近年来因中小河流灾害而死亡的人数超过全国洪涝灾害总死亡人数的70%。一方面，随着社会的发展，人水争地的矛盾逐渐加剧，人口和财产通常集中在洪水的高风险区。另一方面，我国气象站、水文站等实时监测站点布设不均，特别是在容易诱发山洪的丘陵地区布设不足，难以满足山洪预警的要求，给山洪预报预警带来较大不确定性。为此，亟需研究山洪预报预警中的各组分不确定性及其传递机制，发展耦合不确定性的山洪灾害风险预警方法，延长预见期、提高准确度并降低不确定性。

在水文模拟与预报中，对不确定性的研究通常采用以贝叶斯为代表的统计概率方法。贝叶斯方法通过确定似然函数，对样本的先验分布进行修正，最终得到后验概率分布，其优点在于在先验分布的基础上，后验分布考虑了样本信息，后续新加入的样本可以更新后验分布，从而不断加强对总体概率分布的认知。贝叶斯方法应用在水文模拟与预报中的难点在于先验分布的确定和似然函数的计算。为此，Beven 等人提出了广义似然不确定性估计的方法（generalized likelihood uncertainty estimation，GLUE），以不同于传统概率论的方法，采用一系列参数组合的似然值估算不确定性，该方法被广泛应用于水文模型的不确定性研究中。然而，该方法将所有不确定性归结为参数不确定性且对有效参数的判断带有主观性，具有一定局限性。因此，一些研究基于 GLUE 做出改进并发展相应的变体，比如，Tolson 和 Shoemaker（2008）将最优化方法与广义似然函数相结合，以提高不确定性分析的计算效率等。除此之外，研究者亦提出了一些其他不确定性分析方法，包括随机集理论、模糊集理论、可能性理论等。

山洪水文的不确定性研究是山洪风险识别量化和预测预报中的难点和关键科学问题之一。山洪预报问题中的不确定性主要发生在数据输入、水文模型模拟等过程中。此外，洪水预报方法也存在不确定性。早在1975年，Vicens 等（1975）就水资源规划问题提出了基于贝叶斯理论的年径流预报方法。Vrugt 等（2005）

将马尔可夫链蒙特卡洛方法与贝叶斯统计模型相结合，显著提高了似然函数的计算效率。

　　然而，山洪预报中各组分（输入数据、水文模拟、预警方法）的不确定性对山洪风险预警不确定性的影响机制尚不明确，同时缺乏定量组合分析理论与方法。降水输入数据作为水文模型的驱动数据，实测降水的观测误差和降水产品的算法误差会传递到后续所有分析过程中，对山洪预警不确定性有着重要影响。水文模拟过程存在的不确定性主要有水文模型的结构不确定性和参数不确定性。山洪灾害风险的预警方法主要有基于上游河道水位监测的预报方法、基于降水-径流的定量预报预警方法以及基于临界雨量的预警方法。相较于基于径流的预报方法，临界雨量法有着更长的预见期，因而被广泛应用于实际的山洪预报中。该方法直接对比预报（观测）降水与临界雨量，确定洪水灾害发生的可能性。预警方法的综合不确定性是各组分不确定性经过一系列传递后的结果，是山洪灾害风险预警的核心问题。为此，本章基于层次贝叶斯模型的临界雨量线性划分方法，发展了耦合不确定性的山洪灾害风险预警方法，并阐明了山洪风险预警不确定性的组成成分以及其传递机制，并在闽江下游山区流域进行示范应用。

8.1　山洪灾害风险预报预警的组分不确定性

8.1.1　降水的不确定性

　　降水输入误差虽然会动态变化，但是在同一场降水内可以认为是固定的，因此采用独立于不同场次降水的先验分布来描述降水误差，即

$$\varphi_t = \varphi_k, t \in T_k \tag{8-1}$$

式中，t、k是降水场次（即洪水发生的场次）的索引；T_k是第k场降水对应的时间段；φ_t、φ_k为降水误差，取值受影响于雨量站位置和精度等。由于输入误差对于每个站点以及每场降水都是不同的，降水误差向量的维数很高。然而，同一站点不同场次降水的降水误差，其概率分布必然有某种相似特征；同一流域内不同站点的降水误差，由于在仪器配备、设置原则等方面具有相似性，也具有相似的统计特征。

8.1.2　水文模拟的不确定

　　本章采用基于地貌特征的分布式水文模型（geomorphology-based hydrological

model，GBHM）对山洪过程进行模拟，验证期纳什效率系数（NSE）在 0.76 ~ 0.85，平均相对误差（MRE）在 3% ~ 6%，模型模拟效果较好，模型原理和方法详见本书第 4 章内容。采用层次贝叶斯模型，并使用基于马尔可夫链蒙特卡洛方法的采样策略研究确定 GBHM 水文模型的综合不确定性。水文模型不确定性来源于降水输入的不确定性和模型参数不确定性，使用参数反演的层次贝叶斯模型。GBHM 水文模型需要反演的参数较多，因此构建层次贝叶斯模型（hierarchical bayesian model）对各变量在更高层次上的统计特征相似性进行描述。在实际应用中，贝叶斯模型的后验分布通常由马尔可夫链蒙特卡洛方法（Markov Chain Monte Carlo，MCMC）求取后验分布。

在给定洪水时段的数据 Y 和降水观测数据 X 后，根据贝叶斯定理，最终得到水文模型系统的层次贝叶斯模型为：

$$
\begin{aligned}
f(\theta,\varphi,\mu_\varphi,\tau_\varphi,\rho_y,\tau_y \mid X,Y) \propto & f(Y \mid \theta,\varphi,\rho_y,\tau_y,X) \\
& \times f(\varphi \mid \mu_\varphi,\tau_\varphi)f(\mu_\varphi)f(\tau_\varphi) \\
& \times f(\rho_y)f(\tau_y)f(\theta)
\end{aligned}
\tag{8-2}
$$

式中，$f(\cdot)$ 表示概率密度函数；$f(\mid\theta,\varphi,\mu_\varphi,\tau_\varphi,\rho_y,\tau_y \mid X,Y)$ 是给出观测数据后所有待估计变量的联合后验分布；$f(Y \mid \theta,\varphi,\rho_y,\tau_y,X)$ 为洪水时段径流数据的似然函数；$f(\varphi \mid \mu_\varphi,\tau_\varphi)f(\mu_\varphi)f(\tau_\varphi)$ 为输入误差 φ 的层次先验分布，是两个超参数的函数；$f(\rho_y)$、$f(\tau_y)$ 和 $f(\theta)$ 是其余变量的先验分布。这里假定各变量之间相互独立，因此先验分布可写为乘积形式。对于构建完成的层次贝叶斯模型，通过确立似然函数、先验分布以及后验分布，得到最终参数反演下的模型总体不确定性。

8.1.3　动态临界雨量的不确定性

本章采用了基于临界雨量的山洪预警方法。其核心思路是将降水量是否超过临界雨量作为判断标准，以确定是否发出预警，是国内外应用最为广泛的一种，具体方法详见第 5 章。该方法给出区分洪水场次的线性规则，其参数真值 k_i 与估测值 k_i^{sim} 之间的关系为

$$
k_i = k_i^{sim} + \sum \varepsilon_j
\tag{8-3}
$$

式中，$\sum \varepsilon_j$ 为所有模拟次数的误差总和，且 $\sum_1^\infty \varepsilon_j = 0$。为满足对山洪灾害的及时响应，本章中线性划分方法的模拟次数统一设定为 50 万次，在合理响应时间下尽可能降低了模拟误差。

临界雨量方法的误差评估参数通常包括 POD，FAR，CSI：

$$POD = \frac{H}{H+M}$$ (8-4)

$$FAR = \frac{FA}{H+FA}$$ (8-5)

$$CSI = \frac{H}{H+M+FA} = \frac{1}{POD^{-1}+(1-FAR)^{-1}-1}$$ (8-6)

式中，H 表示实际发生了灾害并且成功预警的洪水场次；M 表示实际发生了灾害但没有发出预警的洪水场次；FA 表示实际没有发生超过警戒流量的灾害但发出了预警的洪水场次。

8.2 山洪灾害风险预报预警的组合不确定性

8.2.1 洪水灾害预警系统的层次贝叶斯模型

水文模型模拟的径流量可以表示为

$$q_t^{sim} = h(x_t^{inp}, \theta) = g(x_t, \varphi_t, \theta), \quad t = 1, \cdots, n$$ (8-7)

式中，q_t^{sim} 表示第 t 个时段的模拟径流；h (x_t^{inp}, θ) 表示水文模型对参数 θ 和输入 x_t^{inp} 的映射，模型输入进一步表示为输入量的观测值 x_t 和输入误差对估计值 φ_t 的函数；而 g (x_t, φ_t, θ) 表示水文模型对输入量观测值、输入误差估计值和模型参数的映射。本章示范流域仅使用了一个径流观测站的资料，但此方法改进后也可用到更复杂条件下的多站点率定中。本章中的模型输入仅考虑了降水输入，因此误差项 φ_t 代表降水观测的相对误差 [详见式 (8-1)]。

虽然输入误差对每个时段都可能是不同的，但通常认为其在同一场降水内的差别可忽略不计。本章采用了 Vrugt 等 (2005) 研究的先验模型以描述降水误差，并认为不同场次的误差相互独立，但在同一降水场次的各时段是相同的。这种方法用公式表述为 $\varphi_k^j = \varphi_t^j$，其中 t，k 代表降水场次的时段。一般来说，φ_k^j 取决于雨量站的位置、雨量计的精度、风对雨量观测的影响，以及许多其他的未知因素。由于输入误差对于每个站点以及每场降雨都是不同的，降雨误差向量的维数很高。然而，同一站点不同场次降雨的降雨误差，其概率分布必然有某种相似特征；进而，同一流域内不同站点的降雨误差，由于在仪器配备、设置原则等方面具有相似性，也具有相似的统计特征。针对这种情况，贝叶斯统计中常常引入层次贝叶斯模型对其进行描述。输入误差的描述分为两个层次，在底层，输入误差 φ_k^j 各不相同；在上层，各输入误差 φ_k^j 具有相同的分布特征。

按照层次贝叶斯模型的方法，我们假定 φ_k^j 的上层分布是（-1，$+\infty$）区间内的截尾正态分布，其均值为 μ_φ，逆方差为 τ_φ，即

$$\varphi_k^j \sim N_T[\mu_\varphi,\tau_\varphi \,|\, x\in(-1,+\infty)] \tag{8-8}$$

根据截尾正态分布的定义，如果随机变量 x 服从区间（a，b）内的截尾正态分布，$x \sim N_T(\mu,1/\sigma^2 \,|\, x\in[a,b])$，其概率密度函数可以写为

$$f(x)=\frac{\frac{1}{\sigma}\cdot\varphi\left(\frac{x-\mu}{\sigma}\right)}{\varPhi\left(\frac{b-\mu}{\sigma}\right)-\varPhi\left(\frac{a-\mu}{\sigma}\right)} \tag{8-9}$$

式中，μ 为正态分布的均值；σ 为标准偏差；φ（·）为标准正态分布的概率密度函数；$\varPhi$（·）为标准正态分布的累积分布函数。所以 φ_k^j 的概率密度函数为

$$f(\varphi_k^j\,|\,\mu_\varphi,\tau_\varphi)=\tau_\varphi^{\frac12}\cdot\varphi\left[\tau_\varphi^{\frac12}(\varphi_k^j-\mu_\varphi)\right]\cdot\left\{1-\varPhi\left[\tau_\varphi^{\frac12}(-1-\mu_\varphi)\right]\right\}-1$$

$$\propto \tau_\varphi^{\frac12}\exp\left[-\frac12\tau_\varphi(\varphi_k^j-\mu_\varphi)^2\right]\left(1-\frac12\left\{1+erf\left[\frac{1}{\sqrt2}\tau_\varphi^{\frac12}(-1-\mu_\varphi)\right]\right\}\right)^{-1} \tag{8-10}$$

$$\propto \tau_\varphi^{\frac12}\exp\left[-\frac12\tau_\varphi(\varphi_k^j-\mu_\varphi)^2\right]\left\{1+erf\left[\tau_\varphi^{\frac12}(\mu_\varphi+1)\right]\right\}^{-1}$$

式中，erf（·）为误差函数。

径流数据往往具有很强的异方差性，基流期和洪峰期的径流变化过程差异显著。因此我们以小时时间尺度对洪水场次进行研究，而基流时段则采用日时间尺度。径流观测值和模型模拟值之间的残差往往是自相关的时间序列，通常很难将残差区分为观测误差和模型结构误差。同样地，降水输入数据。因此，当单独计算降水输入误差时以及计算考虑输入误差的模型误差时，我们采用蒙特卡洛方法对降水/径流序列进行残差分析。对此，水文序列的观测值和模拟值之间的对应关系表示为

$$y_t=y_t^{\text{sim}}+\varepsilon_{y,t}=y_t^{\text{sim}}+\rho_y\varepsilon_{y,t-1}+w_{y,t} \tag{8-11}$$

式中，y_t 是观测值；y_t^{sim} 是模拟值；$\varepsilon_{y,t}$ 是模型残差；ρ_y 是自相关系数；$w_{y,t}$ 是正态白噪声，其均值为零且后续通过蒙特卡洛方法确定方差。当给定降水观测数据后，山洪水文模型的层次贝叶斯模型由式（8-2）给出。进一步地，当给定洪水场次确定方法的不确定性参数后，洪水预报的层次贝叶斯模型写为

$$\begin{aligned}f(\theta,\varphi,\mu_\varphi,\tau_\varphi,\rho_y,\tau_y,\varepsilon_j\,|\,X,Y)&\propto f(Y\,|\,\theta,\varphi,\rho_y,\tau_y,\varepsilon_j,X)\\&\times f(\varphi\,|\,\mu_\varphi,\tau_\varphi)f(\mu_\varphi)f(\tau_\varphi)\\&\times f(\rho_y)f(\tau_y)f(\theta)\\&\times f(\varepsilon_j)f(j)\end{aligned} \tag{8-12}$$

基于上述的层次贝叶斯模型，推导得出发出预警的洪水场次在给定其他参数条件下被检测到的概率，即似然函数。最后采用马尔可夫链蒙特卡洛方法获取联合后验分布的样本。至此，构建了洪水预报的层次贝叶斯模型。

8.2.2　组合不确定性分析方法

本章临界雨量方法对山洪灾害进行预警，其中不确定性组分包括降水输入的不确定性、水文模拟的不确定性和临界雨量量化方法的不确定性。各组分相互影响，组合不确定性的传递过程具有多层次的特点。首先，降水作为水文模型的以及临界雨量量化方法的输入，其不确定性直接影响后两者的不确定性；而水文模型由降水驱动，其对径流模拟的不确定性受降水输入不确定性的影响。同时水文模型的模拟结果作为临界雨量量化方法的输入项，亦影响了临界雨量的不确定性。临界雨量是山洪灾害在各风险等级下的预警指标，为不确定性的传递终点。

各组分的组合不确定性因所处山洪灾害风险等级而异。山洪灾害风险等级根据成灾流量的历史重现期（T）由低到高划分为Ⅳ级（蓝色预警，T）、Ⅲ级（黄色预警，$2T$）、Ⅱ级（橙色预警，$3T$）、Ⅰ级（红色预警，$4T$）。在不同风险等级下，对考虑各组分不确定性的临界雨量划分结果进行频率分析，并以95%置信区间作为临界雨量的不确定性范围（单一组分引起的不确定性）。同时，对考虑所有组分不确定性的临界雨量划分结果进行频率分析，以95%置信区间作为临界雨量的综合不确定性范围（多组分引起的综合不确定性）。进一步地，可计算耦合了不确定性的山洪灾害发生概率。在不同山洪灾害风险等级下，预报灾害发生的概率为

$$U^k = p \cdot \mathrm{POD}, k \in (\mathrm{I}, \mathrm{II}, \mathrm{III}, \mathrm{IV}) \tag{8-13}$$

式中，U^k 为灾害发生概率；k 为山洪灾害风险等级；p 为对应风险等级下的临界雨量线性划分的保证率；POD 为预报准确率。

进一步地，实时土壤饱和度 θ 与实测前期累积雨量 P 存在的不确定性，其误差范围分别为 $\Delta\theta$ 和 ΔP。图 8-1 演示了判定洪水灾害风险的误差来源，分别是降水输入不确定性导致的前期累积降水量变动 ΔP；水文模型模拟土壤含水量的不确定性导致的前期土壤饱和度变动 $\Delta\theta$；以及临界雨量方法在划分山洪灾害场次的不确定性导致的线性划分的变动 Δk。因此，当考虑降水输入和水文模型的不确定性时，原先代表洪水场次的散点（x, y）被扩大至面（$x\pm\Delta\theta$, $y\pm\Delta P$）。因为误差 $\Delta\theta$ 和 ΔP 一般小于 θ 和 P，洪水场次在面（$x\pm\Delta\theta$, $y\pm\Delta P$）上概率分布可视为均匀分布。所以，对于面平均分布的洪水场次（$x\pm\Delta\theta$, $y\pm\Delta P$），其灾害发

生概率仅受落在综合不确定性范围内的面积所影响，由式（8-6）可得：

$$CU^k = \sum P_i^k \cdot POD \approx (S^k \cdot p + S_0) \cdot POD, k \in (Ⅰ, Ⅱ, Ⅲ, Ⅳ) \quad (8\text{-}14)$$

式中，CU^k 为耦合不确定性的灾害发生概率；k 为山洪灾害风险等级；S^k 为面 $(x \pm \Delta\theta, y \pm \Delta P)$ 与 95% 保证率下综合不确定性范围相互重叠的面积；S_0 为面 $(x \pm \Delta\theta, y \pm \Delta P)$ 高于临界雨量范围的面积。

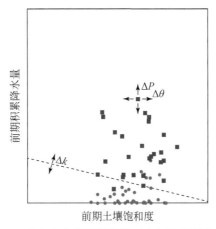

图 8-1 洪水灾害风险预警的不确定性来源示意图

8.2.3 组合不确定性量化及组分不确定性传递过程

基于临界雨量方法的山洪预警体系的不确定性建立在多层次组分的耦合分析上，其中包括降水输入的误差、模型模拟径流的不确定性、线性划分方法的不确定性。以位于福建闽清的子流域为例（流域介绍以及采用数据具体见本书第 7 章 7.1.1 节），展示耦合不确定性的各组分相关关系以及传递过程（图 8-2）。

在每一级山洪风险等级下，计算各不确定性组分在土壤湿度为 25%、50%、75% 下显示的临界雨量范围，根据其占总体临界雨量不确定性范围的权重进行对比分析。以Ⅳ级蓝色风险等级为例，其中降水输入的误差造成的不确定性约占总体的 37%，模型模拟径流的不确定性约占总体的 23%，因此，考虑了降水输入的模型不确定性组成了总体不确定性的 60%，线性划分方法的不确定性约占40%。同样地，应用于其他风险等级下，得到该流域的总体耦合不确定性传递过程（图 8-2）。

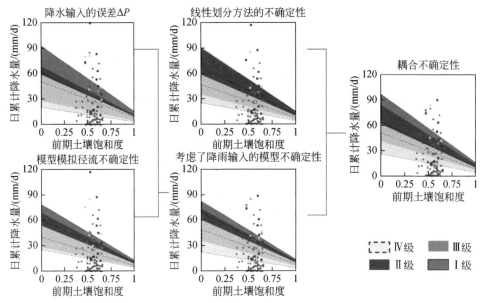

图 8-2 耦合不确定性的各组分相关关系以及传递过程

8.3 耦合不确定性的山洪灾害风险
预报预警及其应用

  本章选取福建闽江下游流域作为典型示范流域，阐述耦合不确定性的山洪灾害风险预报预警的具体应用。首先，在流域尺度构建水文模型对径流过程进行模拟，通过长时间序列下模拟径流数据还原得到历史山洪过程并确定不同风险等级下的成灾流量。其次，构建层次贝叶斯模型综合考虑降水不确定性以及模型参数不确定性，并借助 MCMC 方法进行求解。使用 95% 保证率的参数变换范围重新带入模型对径流的不确定性范围进行还原估测。最后，利用 GBHM 模拟的长期历史径流数据，筛选出不同时段下的洪水过程，结合其对应时段下的反映下垫面渗透能力的土壤湿度数据以及前期累积雨量，绘制出累计降水量–土壤湿度相关关系散点图。利用不同风险等级下的临界流量确定各洪水过程的实际风险等级，使用蒙特卡洛方法构建相应风险等级的线性划分。分析以上各步骤下的独立不确定性，并通过其传递过程确定综合不确定性。

8.3.1　基于临界雨量的山洪风险预警方法评估

图 8-3 展示了研究区研究时段内基于临界雨量方法的山洪灾害风险预警评价结果。对于研究区内的各子流域，该预警方法的准确率（POD）为 0.61 ~ 0.80，误报率（FAR）为 0.07 ~ 0.19，综合评价指标（CSI）为 0.53 ~ 0.69 [图 8-3（a）]。同时，在确立了各子流域对灾害响应的临界雨量划分标准后，通过后验方法对实时土壤湿度、累积雨量进行分析，对比临界雨量以判断是否发出洪水预警，同时对比相应的径流数据和临界流量以确定是否超过了警戒流量，得到后验山洪预警的统计指标 [图 8-3（b）]。此时预警的准确率为 0.23 ~ 0.51，误报率为 0.02 ~ 0.12，综合评价指标为 0.22 ~ 0.45。上述评估结果表明方法整体较为可靠，临界雨量划分方法的准确率较高。虽然后验山洪预警方法中评估中 CSI 值较低，但仍达到美国国家气象局全国尺度山洪预报指导系统的 0.2 基准值。

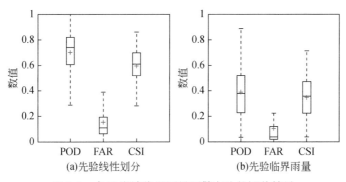

图 8-3　各子流域临界雨量预警方法的评价结果

8.3.2　组分不确定性及其传递过程

基于临界雨量方法的山洪预警体系的不确定性建立在多层次组分的耦合分析上，在各组分的独立以及耦合不确定性下，临界雨量难以量化为某一准确值，而是在表现为 95% 保证率下的估计区间（图 8-2）。

以土壤湿度为饱和状态的 50% 时为例，仅由降水输入不确定性影响的临界雨量范围分别在四个风险等级下分别为 11.9 ~ 28.9mm、16.7 ~ 30.2mm、32.2 ~ 57.1mm、40.5 ~ 65.9mm，仅考虑模型模拟径流不确定性的临界雨量范围分别为 12.8 ~ 23.5mm、16.7 ~ 40.9mm、34.2 ~ 55.5mm、35.5 ~ 62.8mm，仅考虑临界雨量线性划分方法，临界雨量范围分别为 14.7 ~ 27.3mm、20.4 ~ 39.7mm、

28.5~52.2mm、39.1~66.4mm，而综合考虑各组分组合不确定性影响的临界雨量范围为15.4~30.0mm、24.1~41.0mm、31.16~49.2mm、37.45~56.6mm。

进一步地，可量化在每一级山洪风险等级下，各组分不确定性在组合不确定性中所占的权重。图8-4展示了在四个风险等级下，各组分不确定性对临界雨量范围的影响以及组分不确定性的传递过程。在Ⅳ级蓝色风险等级下，降水输入和水文模拟的不确定性约占总体不确定性的37%和23%（图8-4）。因此，考虑了降水输入的模型不确定性贡献了总体不确定性的60%，而临界雨量量化方法的不确定性则贡献了总体不确定性的约40%。对闽江下游84个子流域进行组分不确定性的传递过程统计分析，得到在Ⅳ、Ⅲ、Ⅱ、Ⅰ四个风险等级下，仅由降水输入导致的不确定性分别占总体不确定性的41%、29%、56%、17%，仅考虑模型模拟径流的不确定性占总体不确定性的21%、32%、18%、16%，而如果仅考虑临界雨量确定方法，其不确定性占总体不确定性的39%、39%、28%、69%。总体而言，由降水输入、水文模型径流模拟、临界雨量量化方法所导致的不确定性平均分别占总体不确定性的36%、24%及40%。

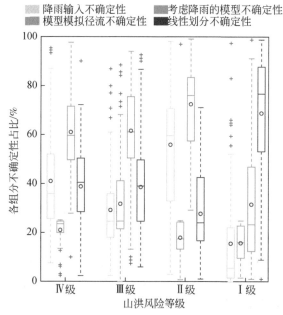

图8-4 不同风险等级下各组分不确定性的占比

山洪预警需要对洪水过程进行迅速且精准的反应，所以大多预警机制建立在对小流域水文过程的评估和计算上。同样地，对闽江下游流域整体计算临界雨量缺乏实际意义和应用价值，因此需要在子流域（甚至河段）尺度上对各组分的不确定性进行定量评价。表 8-1 总结了各风险等级下，当土壤湿度为饱和状态的 50％时，以子流域面积为权重的流域面平均临界雨量在考虑各组分不确定性及综合不确定时 95％保证率下的估计区间。

表 8-1　各山洪风险等级在 50％土壤饱和度下流域面平均临界雨量

（单位：mm）

降水输入	Ⅳ级	Ⅲ级	Ⅱ级	Ⅰ级
降水输入	10.78～24.45	21.13～34.16	39.81～58.44	69.53～91.87
模型模拟	12.43～22.28	26.72～40.85	44.73～52.72	64.74～92.18
降水＆模型	10.10～24.55	21.81～39.98	36.55～59.48	65.32～92.72
线性划分	19.37～24.25	25.69～44.22	38.18～55.23	75.53～116.98
耦合	10.01～29.88	19.52～43.49	38.85～58.96	70.37～105.44

8.3.3　耦合不确定性的山洪灾害风险预警

在上述分析中，通过耦合各组分不确定性，得到了不同风险等级 95％保证率下，山洪灾害发生临界雨量的分布区间。不同风险等级对应临界雨量范围有部分重合，意味着当洪水场次落在重合区域时，可能发生两种或两种以上风险等级的洪水（图 8-2，表 8-1）。对此，可以通过耦合不确定性分析区分并量化不同风险等级下的洪水发生概率。

对历史洪水场次进行后验分析，若一子流域内所有洪水场次所发出的预报洪水概率均大于 25％，则视为有效捕捉灾害风险信息，且该子流域被视为有效预警区域。图 8-4 展示了研究区各子流域在不同风险等级下的有效预警区域分布（图 8-5）。对流域内所有场次洪水的预警发生概率求均值，得到在 Ⅳ、Ⅲ、Ⅱ、Ⅰ 四个风险等级下，山洪灾害预警的发生概率分别为 58％、65％、79％、81％。风险等级的上升意味着更大的降水量以及更高的前期累积雨量，洪水场次的前期累积雨量必然显著高于临界雨量，因此对发生山洪灾害的预警概率显著提高。虽然图 8-5 中仍有不少子流域区域呈现出未有效预警状态，但其中多是由于前期累积雨量较低却发生较高风险山洪的个别场次所致。在 Ⅳ、Ⅲ、Ⅱ、Ⅰ 四个风险等级下，做出有效预警子流域占全体子流域的比例分别为 73％、67％、57％、64％。

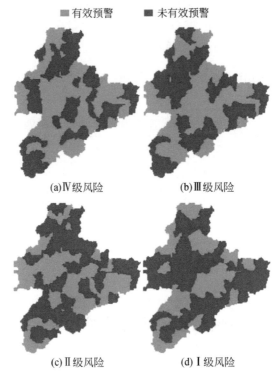

(a)Ⅳ级风险　　　(b)Ⅲ级风险

(c)Ⅱ级风险　　　(d)Ⅰ级风险

图 8-5　闽江下游流域在不同风险等级下做出有效预警的子流域分布图

8.4　小　　结

本章发展了耦合多层次山洪灾害风险预警方法的不确定性组分结构和传递过程。该方法结合了水文模型模拟与临界雨量方法，对山洪灾害风险进行预警，同时独立对预警过程中各组分的不确定性进行分析，包括降水输入的不确定性、水文模拟的不确定性以及山洪实时预警方法的不确定性，发展了一套耦合不确定性的分析方法。并针对基于临界雨量方法的山洪灾害风险预警发展了一套相对应的不确定性评价指标。本章主要结果如下。

1）构建层次贝叶斯模型以解决水文模型的耦合不确定性。通过构建水文模型系统的层次贝叶斯模型，研究了水文模型参数不确定性、输入不确定性和残差不确定性的联合估计问题，并提出了基于马尔可夫链蒙特卡洛方法的混合采样策略，用于贝叶斯模型的求解。

2）发展山洪灾害风险预报不确定性分析理论。量化各组分不确定性的基础上，分析其传递规律，揭示山洪灾害风险预警不确定性的影响机制，仅由降水输入导致的不确定性平均占总体的36%，仅考虑模型模拟径流的不确定性占总体的24%，仅考虑临界雨量线性划分方法，其不确定性占总体的40%。

3）针对不同重现期下的山洪风险等级，确定预报不确定性评估分布范围。Ⅳ、Ⅲ、Ⅱ、Ⅰ四个风险等级在土壤饱和度50%下的临界雨量范围分别为10.0～29.9mm、19.5～43.5mm、38.9～59.0mm、70.4～105.4mm；山洪灾害预警的发生概率分别为58%、65%、79%、81%；做出有效预警子流域占全体子流域的比例分别为73%、67%、57%、64%。

通过耦合降水输入不确定性、GBHM水文模型模拟不确定性、以及临界雨量预报山洪灾害风险的不确定性，构建综合不确定性评价体系。根据各组分不同程度的误差范围得到整体不确定性传递过程和量化指标，最终在山洪风险灾害预警机制中，准确预报灾害风险等级和发生概率，以更科学、更精准地抗洪防灾。

第 9 章　　总结与展望

9.1　主要研究成果

　　针对山洪预报预警中面临的预警精度差、资料获取难、预见期短等问题，本书提出了一种基于分布式水文模型的动态临界雨量计算方法并将其推广应用至全国范围，同时将 GPM 卫星降水和 ECMWF 数值预报降水分别应用到实时洪水预报和短期洪水预报当中，并发展了耦合多层次山洪灾害风险预警方法的不确定性组分结构和传递过程的分析方法，为中小流域洪水提供了耦合不确定性的不同预见期的分级预报预警方法。

9.1.1　山区复杂条件下的面雨量获取及预报降水产品的空间降尺度

　　提出了基于地形修正的降水空间插值方法。方法基于降水空间分布数据估计降水-高程关系，并基于站点观测数据进行校正，通过降水-高程-坡向关系修正地形对降水的影响，从而更合理地估计降水的空间分布。当研究流域缺乏高空间分辨率的降水数据以及足够的站点验证数据时，降水-高程关系的估计可能具有较大的不确定性。这种情况下采用基于贝叶斯原理的降水数据融合方法估计不同降水的不确定性，并据此估计融合降水的均值和不确定性。

　　提出了一种新的降水降尺度方法。它耦合了 CNN 和 LSTM 神经网络，根据数值天气模型输出的大气环流变量来估测降水。选取位于东亚季风区的中国南部湘江流域，评价了该方法在该降水估测或预报中的效果。结果表明，与传统的分位数校正方法或基于 SVM 的方法相比，该方法具有较好的优越性。

9.1.2　基于分布式水文模型的洪水预报及动态临界雨量指标确定方法

　　建立了考虑地貌特征和水文过程机理的典型流域的分布式水文模型

（GBHM），较好地模拟了四个不同气候区小流域中的山洪。但在湿润地区，GBHM 的表现要相对半湿润区或半干旱区更好。这可能是因为在半干旱区超渗产流占据更主导的地位，对降雨时空分辨率的要求更高。

在四个位于不同气候区的山洪多发小流域中分别构建了分布式水文模型 GBHM，进而根据模型的模拟结果，通过频率分析确定了各流域的临界流量阈值。在此基础上，提出了一种基于二元分类的山洪临界雨量计算方法。将该方法应用于不同气候和水文条件的流域（包括有流量观测或无流量观测的流域），并进行了详细的评估。

9.1.3 全国山区小流域洪水预警的动态临界雨量指标

基于 GBHM 构建了全国范围的产流与土壤水动态模拟模型，使用 SCS 无因次单位线进行了全国小流域的汇流演算，进而基于模拟结果推导了 1849 个小流域的动态临界雨量指标。模拟结果表明，临界雨量指标的空间分布总体上与多年平均降水量一致，但同时也与地形、植被、土地利用等流域特征有关。

9.1.4 基于机器学习算法的山洪灾害风险等级划定

基于已有的成灾流量资料以及小流域的山洪灾害关键风险因子，构建小流域成灾流量重现期与关键风险因子的对应关系，并推广到无资料地区推求成灾流量。这种方法可以为无资料地区提供一种估测洪水严重性的手段。该方法可以克服 FFG 方法中需要反复运行水文模型来确定临界雨量的缺点，而只需通过连续运行水文模型或现场观测等方法来确定前期土壤饱和度。此外，基于成灾流量的重现期划分山洪风险等级并进行分级预警的方法弥补了传统预警方法只采用单一指标判断有无山洪灾害的局限性。

9.1.5 山洪灾害风险预报预警的不确定性分析

发展了耦合多层次山洪灾害风险预警方法的不确定性组分结构和传递过程的分析方法。该方法结合了水文模型模拟与临界雨量方法，对山洪灾害风险进行预警，同时独立地对预警过程中各组分的不确定性进行分析，包括降水输入的不确定性、水文模拟的不确定性以及山洪实时预警方法的不确定性，并针对基于临界雨量方法的山洪灾害风险预警发展了一套相对应的不确定性评价指标。

9.2　研究中的不足与展望

山洪预警难度极大，本书研究难免有所不足，未来仍需在以下几个方面进一步开展工作。

1）在确定临界雨量指标时，需要考虑降雨时空分布的影响。本文中提出的方法以及过去 FFG、GFFG 方法等，均假定降雨在时间和空间上是均匀分布的。然而降雨的动力学特性（降雨历史、降雨强度、降雨在空间上的聚集度）等都对流域产汇流有很大影响，对干旱区半干旱区来说更是如此。为了进一步提高山洪预警精确度，需要考虑这些因素对临界雨量指标进行修正。

2）对全国山区小流域的产汇流模拟有待进一步改善。本书研究的模拟中存在以下几种不确定性：①产流模型中的少部分参数依靠人工经验确定，可能带来不确定性；②模型使用的降雨驱动为日降雨降尺度到小时降雨，可能与实际情况有所偏差；③在山区小流域的汇流计算中，可以采用更具有物理机制的汇流方法。

3）本书研究中的临界雨量指标只能衡量小流域特定降雨情况下遭受洪水灾害的可能性，但没有识别各流域的易损性（vulnerability，反应流域在山洪灾害中可能承受的损失）。而流域对山洪灾害的易损性对于居民居住点选择、交通道路布局以及洪水防护设施布置等等是非常有价值的，以后需加强这方面的评价。

4）CNN 和 LSTM 神经网络只是当前神经网络前沿的两个代表，许多其他最新发展的神经网络（残值神经网络、胶囊神经网络）各自具有其优越性，未来可以尝试将它们用于降雨降尺度当中。另外，本研究中仅选取了湘江流域作为研究区域，鉴于本方法的简单性、直观性、普适性，未来可以将其推广到全国范围，进一步扩大其价值。

参 考 文 献

陈桂亚, 袁雅鸣 . 2005. 山洪灾害临界雨量分析计算方法研究 . 人民长江, 36 (12): 36-38.

陈国阶 . 2006. 中国山区发展研究的态势与主要研究任务 . 山地学报, (5): 531-538.

陈贺, 李原园, 杨志峰, 等 . 2007. 地形因素对降水分布影响的研究 . 水土保持研究, (1): 119-122.

陈莹, 陈兴伟, 尹义星 . 2011. 1960—2006 年闽江流域径流演变特征 . 自然资源学报, 26 (8): 1401-1411.

程卫帅 . 2013. 山洪灾害临界雨量研究综述 . 水科学进展, 24 (6): 901-908.

樊建勇, 单九生, 管珉, 等 . 2012. 江西省小流域山洪灾害临界雨量计算分析 . 气象, 38 (9): 1110-1114.

高冰, 杨大文, 刘志雨, 等 . 2008. 雅鲁藏布江流域的分布式水文模拟及径流变化分析 . 水文, (3): 40-44+21.

高冰 . 2012. 长江流域的陆气耦合模拟及径流变化分析 . 北京: 清华大学 .

郭良, 张晓蕾, 刘荣华, 等 . 2017. 全国山洪灾害调查评价成果及规律初探 . 地球信息科学学报, 19 (12): 1548-1556.

韩俊太, 王政荣, 杨雨亭 . 2022. 基于动态临界雨量的小流域山洪灾害分级预警 . 水力发电学报, 41: 1-8.

何秉顺, 李青 . 2014. 山洪灾害防御技术现状与发展趋势探索 . 中国水利, (18): 11-13.

何红艳, 郭志华, 肖文发 . 2005. 降水空间插值技术的研究进展 . 生态学杂志, (10): 1187-1191.

胡余忠, 姚学斌, 章彩霞, 等 . 2015. 山洪影响调查评价与预警体系建设方法研究–以昌江芦溪河段为例 . 水文, 35 (3): 20-25.

黄保国, 夏冰 . 2003. 美国洪水预报及预警系统发展概况 . 中国水利, (10): 25-27.

黄鹏年, 李致家 . 2019. 分布式降雨输入与汇流模拟对洪峰计算的影响 . 水力发电学报, 38 (11): 49-57.

贾仰文, 王浩, 倪广恒, 等 . 2005. 分布式流域水文模型原理与实践 . 北京: 中国水利水电出版社 .

江锦红, 邵利萍 . 2014. 基于降雨观测资料的山洪预警标准 . 水利学报, 41 (4): 458-463.

雷晓辉, 廖卫红, 蒋云钟, 等 . 2010. 分布式水文模型 EasyDHM (Ⅰ): 理论方法 . 北京: 中国水利水电出版社 .

雷志栋, 杨诗秀, 谢森传 . 1988. 土壤水动力学 . 北京: 清华大学出版社 .

李海涛，邵泽东．2019. 空间插值分析算法综述．计算机系统应用，28（7）：1-8.

李青，王雅莉，李海辰，等．2017. 基于洪峰模数的山洪灾害雨量预警指标研究．地球信息科学学报，19（12）：1643-1652.

李新，程国栋，卢玲．2000. 空间内插方法比较．地球科学进展，15（3）：260-265.

李哲，杨大文，田富强．2013. 基于地面雨情信息的长江三峡区间洪水预报研究．水力发电学报，32（1）：44-49+62.

李哲．2015. 多远降雨观测与融合及其在长江流域的水文应用．北京：清华大学．

李致家，姜婷婷，黄鹏年，等．2015. 降雨和地形地貌对水文模型模拟结果的影响分析．水科学进展，26（4）：473-480.

刘光孟，汪云甲，王允．2010. 反距离权重插值因子对插值误差影响分析．中国科技论文在线，5（11）：879-884.

刘嘉焜，王公恕．2004. 应用随机过程．北京：科学出版社．

刘少华，严登华，王浩，等．2016. 中国大陆流域分区 TRMM 降水质量评价．水科学进展，27（5）：639-651.

刘悦，张建云，鲍振鑫，等．2022. 东部季风区不同地貌类型试验流域洪水研究．水力发电学报，41（3）：22-31.

刘志雨．2004. 基于 GIS 的分布式托普卡匹水文模型在洪水预报中的应用．水利学报，35（5）：70-75.

刘志雨．2009. 我国洪水预报技术研究进展与展望．中国防汛抗旱，（5）：13-16.

马欢．2011. 人类活动影响下海河流域典型区水循环变化分析．北京：清华大学．

缪清华．2019. 基于分布式水文模型和多源降水的中小河流洪水预报预警方法．北京：清华大学．

潘健，唐莉华．2013. 松花江流域上游径流变化及其影响研究．水力发电学报，32（5）：58-63.

潘旸，沈艳，宇婧婧，等．2015. 基于贝叶斯融合方法的高分辨率地面-卫星-雷达三源降水融合试验．气象学报，（1）：177-186.

彭乃志，傅抱璞，于强，等．1995. 我国地形与暴雨的若干气候统计分析．气象科学，（3）：288-292.

邱瑞田，黄先龙，张大伟，等．2012. 我国山洪灾害防治非工程措施建设实践．中国防汛抗旱，22（1）：31-33.

全国山洪灾害防治规划编写组．2006. 全国山洪灾害防治规划．北京：中华人民共和国国务院．

全国山洪灾害防治规划领导小组办公室．2003. 山洪灾害临界雨量分析计算细则．北京：中华人民共和国国务院．

全国山洪灾害防治规划领导小组办公室．2005. 全国山洪灾害防治规划简要报告．北京：中华人民共和国国务院．

芮孝芳．2004. 水文学原理．南京：河海大学出版社．

沈盛彧，任洪玉，张平仓，等．2014. 中国山洪灾害防治进展概述．武汉：海峡两岸水土保持学术研讨会.

石朋, 芮孝芳. 2005. 降雨空间插值方法的比较与改进. 河海大学学报（自然科学版）, (4):
　　361-365.

孙乐强, 郝振纯, 王加虎, 等. 2014. TMPA 卫星降水数据的评估与校正. 水利学报, 46
　　(10): 1135-1146.

孙立堂. 2008. 济南小清河流域产汇流计算方法研究. 济南: 山东大学.

王浩, 李扬, 任立良, 等. 2015. 水文模型不确定性及集合模拟总体框架. 水利水电技术, 46
　　(6): 21-26.

王舒, 严登华, 秦天玲, 等. 2011. 基于 PER-Kriging 插值方法的降水空间展布. 水科学进展,
　　22 (6): 756-763.

王晓宁, 贾慧慧, 赵廷宁. 2009. 晋西黄土丘陵沟壑区降雨地形分布规律研究——以山西省方
　　山县土桥沟流域为例. 中国农学通报, 25 (7): 246-249.

王宇涵. 2019. 青藏高原典型流域的冻土水文变化模拟与分析. 北京: 清华大学.

吴志勇, 陆桂华, 张建云, 等. 2007. 基于 VIC 模型的逐日土壤含水量模拟. 地理科学, (3):
　　359-364.

熊俊楠, 曹依帆, 程维明, 等. 2019. 福建省山洪灾害危险性评价. 山地学报, (4): 538-550.

徐翔宇. 2012. 气候变化下典型流域的水文响应研究. 北京: 清华大学.

许继军. 2007. 分布式水文模型在长江流域的应用研究. 北京: 清华大学.

许凯. 2015. 我国干旱变化规律及典型引黄灌区干旱预报方法研究. 北京: 清华大学.

杨大文, 李翀, 倪广恒, 等. 2004. 分布式水文模型在黄河流域的应用. 地理学报, 59 (1):
　　118+143-154.

杨大文, 楠田哲也. 2005. 水资源综合评价模型及其在黄河流域的应用. 北京: 中国水利水电
　　出版社.

杨大文, 杨汉波, 雷慧闽. 2014. 流域水文学. 北京: 清华大学出版社.

杨文宇, 李哲, 倪广恒, 等. 2015. 基于天气雷达的长江三峡暴雨临近预报方法及其精度评估.
　　清华大学学报: 自然科学版, (6): 604-611.

姚成. 2007. 基于栅格的分布式新安江模型构建与分析. 南京: 河海大学.

叶陈雷, 徐宗学, 雷晓辉, 等. 2021. 城市社区尺度降雨径流快速模拟: 以福州市一排水小区
　　为例. 水力发电学报, 40 (10): 81-94.

叶金印, 李致家, 刘静, 等. 2016. 山洪灾害气象风险预警指标确定方法研究. 暴雨灾害, 35
　　(1): 25-30.

叶勇, 王振宇, 范波芹. 2008. 浙江省小流域山洪灾害临界雨量确定方法分析. 水文, (1):
　　56-58.

袁定波, 艾萍, 洪敏, 等. 2018. 基于地理空间要素的雅砻江流域面雨量估算. 水科学进展,
　　29 (6): 779-787.

詹晓安. 2006. 把握山洪特点有效防治山洪灾害. 中国水利, (7): 46-48.

张平仓, 任洪玉, 张明波, 等. 2006. 中国山洪灾害防治区划初探. 水资源研究, 12: 15-18.

张容焱, 游立军, 高建芸, 等. 2013. 统计方法与淹没模型结合的山洪灾害风险评估方法及其

应用. 气象, 39（12）: 1642-1648.

张晓蕾, 刘荣华, 刘启, 等. 2019. 福建省山洪灾害风险识别与定量分析. 中国水利水电科学研究院学报, 17（4）: 299-304.

张星, 陈惠, 林秀芳. 2009. 近45年闽江流域气候变化特征分析. 水土保持研究, 16（1）: 107-110.

张阳阳, 刘攀, 江焱生, 等. 2016. 基于河道控制断面选取的山洪成灾流量修正. 人民长江, 47（15）: 1-4+18.

赵人俊. 1984. 流域水文模拟. 北京: 中国水利水电出版社.

朱健, 黄玉英. 2015. 新疆天山北坡军塘湖河流域 "8·29" 特大洪水特征与洪峰模数分析. 冰川冻土, 37（3）: 811-817.

朱求安, 张万昌, 赵登忠. 2005. 基于 PRISM 和泰森多边形的地形要素日降水量空间插值研究. 地理科学,（2）: 233-238.

Abadi M, Agarwal A, Barham P, et al. 2016. TensorFlow: Large-Scale Machine Learning on Heterogeneous Distributed Systems. arXiv: 1603.04467.

Abbott M B, Bathurst J C, Cunge J A, et al. 1986. An introduction to the European Hydrological System-Systeme Hydrologique European, "SHE", 1: History and philosophy of a physically based distributed modeling system. Journal of Hydrology,（87）: 45-59.

Aiwen Y. 2000. Impact of global climate change on China's water resources. Environmental Monitoring and Assessment, 61（1）: 187-191.

Alfieri L, Thielen J A. 2012. European precipitation index for extreme rain-storm and flash flood early warning. Meteorological Applications, 22（1）: 3-13.

Andrieu C, De Freitas N, Doucet A, et al. 2003. An introduction to MCMC for machine learning. Machine learning, 50（1）: 5-43.

Apel H, Thieken A H, Merz B, et al. 2004. Flood risk assessment and associated uncertainty. Natural Hazards and Earth System Sciences, 4: 295-308.

Baesens B, Viaene S, Gestel T V, et al. 2002. An empirical assessment of kernel type performance for least squares support vector machine classifiers. Brighton: International Conference on Knowledge-based Intelligent Engineering Systems & Allied Technologies.

Beck H E, Wood E F, Pan M, et al. 2019. MSWEP V2 global 3-hourly 0.1° precipitation: methodology and quantitative assessment. Bulletin of the American Meteorological Society, 100（103）: 473-500.

Bel C, Liébault F, Navratil O, et al. 2017. Rainfall control of debris-flow triggering in the Réal Torrent, Southern French Prealps. Geomorphology, 291: 17-32.

Benestad R E, Haugen J E. 2007. On complex extremes: flood hazards and combined high spring-time precipitation and temperature in Norway. Climatic Change, 85（3-4）: 381-406.

Benestad R E. 2007. Novel methods for inferring future changes in extreme rainfall over Northern Europe. Climate Research, 34（3）: 195-210.

Beven K J, Kirkby M J. 1979. A physically based, variable contributing area model of basin hydrology. International Association of Scientific Hydrology Bulletin, 24 (1): 43-69.

Bianchi B, Jan Van Leeuwen P, Hogan R J, et al. 2013. A Variational Approach to Retrieve Rain Rate by Combining Information from Rain Gauges, Radars, and Microwave Links. Journal of Hydrometeorology, 14 (6): 1897-1909.

Biemans H, Hutjes R W A, Kabat P, et al. 2009. Effects of precipitation uncertainty on discharge calculations for main river basins. Journal of Hydrometeorology, 10 (4): 1011-1025.

Borga M, Anagnostou E N, Blöschl G, et al. 2011. Flash flood forecasting, warning and risk management: the HYDRATE project. Environmental Science & Policy, 14 (7): 834-844.

Boé J, Terray L, Habets F, et al. 2007. Statistical and dynamical downscaling of the Seine basin climate for hydro-meteorological studies. International Journal of Climatology, 27: 1643-1655.

Cannon S H, Gartner J E, Wilson R C, et al. 2008. Storm rainfall conditions for floods and debris flows from recently burned areas in southwestern Colorado and southern California. Geomorphology, 96 (3-4): 250-269.

Carpenter T M, Sperfslage J A, Georgakako K P, et al. 1999. National threshold runoff estimation utilizing GIS in support of operational flash flood warning systems. Journal of Hydrology, 224 (1): 21-44.

Christensen J H, Machenhauer B, Jones R G, et al. 1997. Validation of present-day regional climate simulations over Europe: LAM simulations with observed boundary conditions. Climate Dynamics, 13 (7-8): 489-506.

Clark J S. 1953. Why environmental scientists are becoming Bayesians. Ecology Letters, 2005, 8 (1): 2-14.

Clark R A, Gourley J J, Flamig Z L, et al. 2014. CONUS-wide evaluation of national weather service flash flood guidance products. Weather Forecasting, 29 (2): 377-392.

Cloke H L, Pappenberger F. 2009. Ensemble flood forecasting: A review. Journal of Hydrology, 375 (3): 613-626.

Cong Z, Yang D, Gao B, et al. 2009. Hydrological trend analysis in the Yellow River basin using a distributed hydrological model. Water Resources Research, 45 (7): 335-345.

Cover T M. 1965. Geometrical and statistical properties of systems of linear inequalities with applications in pattern recognition. IEEE Transactions on Electronic Computers, 14: 326-334.

Dai Y, Shangguan W, Duan Q, et al. 2015. Development of a china dataset of soil hydraulic parameters using pedotransfer functions for land surface modeling. Journal of Hydrometeorology, 14 (3): 869-887.

Dai Y, Wei N, Yuan H, et al. 2019. Evaluation of soil thermal conductivity schemes for use in land surface modeling. Journal of Advances in Modeling Earth Systems, 11 (11): 3454-3473.

Dai Y, Xin Q, Wei N, et al. 2019. A global high-resolution data set of soil hydraulic and thermal properties for land surface modeling. Journal of Advances in Modeling Earth Systems, 11 (9): 2996-3023.

Daly C, Halbleib M, Smith J I, et al. 2008. Physiographically sensitive mapping of climatological temperature and precipitation across the conterminous United States. International Journal of Climatology, 28 (15): 2031-2064.

Dee D P, Uppala S M, Simmons A J, et al. 2011. The ERA- Interim reanalysis: configuration and performance of the data assimilation system. Quarterly Journal of the Royal Meteorological Society, 137 (656): 553-597.

Doswell C A, Brooks H E, Maddox R A. 1996. Flash flood forecasting: An ingredients-based methodology. Weather and Forecasting, 11 (4): 560-581.

Ebert E. 2010. Comparison of Near- Real- Time Precipitation Estimates from Satellite Observations and Numerical Models. Bulletin of the American Meteorological Society, 88 (1): 47-64.

Faurès J M, Goodrich D C, Woolhiser D A, et al. 1995. Impact of small- scale spatial rainfall variability on runoff modeling. Journal of Hydrology, 173 (1-4): 309-326.

Georgakakos K P. 2006. Analytical results for operational flash flood guidance. Journal of Hydrology, 317 (1-2): 0-103.

Germann U, Joss J. 2004. Operational measurement of precipitation in mountainous terrain. Weather Radar. Heidelberg: Springer.

Giovannettone J P, Barros A P. 2009. Probing Regional Orographic Controls of Precipitation and Cloudiness in the Central Andes Using Satellite Data. Journal of Hydrometeorology, 10 (1): 167-182.

Goovaerts P. 1997. Geostatistics for natural resources evaluation. Oxford: Oxford University Press.

Gottschalck J, Meng J, Rodell M, et al. 2005. Analysis of Multiple Precipitation Products and Preliminary Assessment of Their Impact on Global Land Data Assimilation System Land Surface States. Journal of Hydrometeorology, 6 (5): 573-598.

Gourley J J, Erlingis J M, Hong Y, et al. 2012. Evaluation of Tools Used for Monitoring and Forecasting Flash Floods in the United States. Weather and Forecasting, 27 (1): 158-173.

Graves A. 1987. Generating Sequences With Recurrent Neural Networks. Computer Science, 2013.

Greenlee D D. 1987. Raster and vector processing for scanned linework. Photogrammetric Engineering & Remote Sensing, 53 (10): 1383-1387.

Grillakis M G, Koutroulis A G, Komma J, et al. 2016. Initial soil moisture effects on flash flood generation- A comparison between basins of contrasting hydro- climatic conditions. Journal of Hydrology, 541: 206-217.

Guhathakurta P. 2008. Long lead monsoon rainfall prediction for meteorological sub- divisions of India using deterministic artificial neural network model. Meteorology and Atmospheric Physics, 101 (1-2): 93-108.

Guo L, He B, Ma M, et al. 2018. A comprehensive flash flood defense system in China: Overview, achievements, and outlook. Natural Hazards, 92 (2): 727-740.

Hanssen- Bauer I, Achberger C, Benestad R E, et al. 2005. Statistical downscaling of climate scenarios over Scandinavia: A review. Climate Research, 29 (3): 255-268.

Hastings W K. 1970. Monte Carlo sampling methods using Markov chains and their applications. Biometrika, 57 (1): 97-109.

Haykin S, Network N. 2004. A comprehensive foundation. Upper Saddle River: Prentice hall.

Hinton G E, Srivastava N, Krizhevsky A, et al. 2012. Improving neural networks by preventing co-adaptation of feature detectors. Computing Research Repository, 2012: 1207. 0580.

Hlavcova H, Kohnova S, Kubes R, et al. 2005. An empirical method for estimating future flood risks for flood warning. Hydrology and Earth System Sciences, 9 (4): 431-448.

Hochreiter S, Schmidhuber J. 1997. Long Short- Term Memory. Neural Computation, 9 (8): 1735-1780.

Hofstra N, Haylock M, New M, et al. 2008. Comparison of six methods for the interpolation of daily, European climate data. Journal of Geophysical Research, 113 (D21): 1-19.

Hong Y, Hsu K L, Sorooshian S, et al. 2004. Precipitation estimation from remotely sensed imagery using an artificial neural network cloud classification system. Journal of Applied Meteorology, 43 (12): 1834-1853.

Hope P K. 2006. Projected future changes in synoptic systems influencing southwest Western Australia. Climate Dynamics, 26 (7-8): 765-780.

Hou A Y, Kakar R K, Neeck S, et al. 2014. The global precipitation measurement mission. Bulletin of the American Meteorological Society, 95 (5): 701-722.

Hu Q, Yang D, Li Z, et al. 2014. Multi- scale evaluation of six high- resolution satellite monthly rainfall estimates over a humid region in China with dense rain gauges. International Journal of Remote Sensing, 35 (4): 1272-1294.

Huard D, Mailhot A. 2008. Calibration of hydrological model GR2M using Bayesian uncertainty analysis. Water Resources Research, 44 (2): 1-19.

Huffman G J, Bolvin D T, Nelkin E J, et al. 2010. The TRMM Multisatellite Precipitation Analysis (TMPA): Quasi- Global, Multiyear, Combined- Sensor Precipitation Estimates at Fine Scales. // Satellite Rainfall Applications for Surface Hydrology. Amsterdam: Springer Netherlands.

Huntington T G. 2006. Evidence for intensification of the global water cycle: review and synthesis. Journal of Hydrology, 319: 83-95.

Huuskonen A, Saltikoff E, Holleman I. 2014. The operational weather radar network in Europe. Bulletin of the American Meteorological Society, 95 (6): 897-907.

Ioffe S, Szegedy C. 2015. Batch Normalization: Accelerating Deep Network Training by Reducing Internal Covariate Shift. Proceedings of the 32nd International Conference on International Conference on Machine Learning, 37: 448-456.

Javelle P, Fouchier C, Arnaud P, et al. 2010. Flash flood warning at ungauged locations using radar rainfall and antecedent soil moisture estimations. Journal of Hydrology, 394 (1-2): 267-274.

Jenson S K, Domingue J O. 1988. Extracting topographic structure from digital elevation data for geographic information system analysis. Photogrammetric engineering and remote sensing, 54 (11): 1593-1600.

Jiang S, Ren L, Yang H, et al. 2012. Comprehensive evaluation of multi- satellite precipitation products with a dense rain gauge network and optimally merging their simulated hydrological flows using the Bayesian model averaging method. Journal of Hydrology, 452-453 (10): 213-225.

Joyce R J, Janowiak J E, Arkin P A, et al. 2004. CMORPH: A Method that Produces Global Precipitation Estimates from Passive Microwave and Infrared Data at High Spatial and Temporal Resolution. Journal of Hydrometeorology, 5 (3): 487-503.

Kalantari Z, Nickman A, Lyon S W, et al. 2014. A method for mapping flood hazard along roads. Journal of environmental management, 133: 69-77.

Kang I S, Jin K, Wang B, et al. 2002. Intercomparison of the climatological variations of Asian summer monsoon precipitation simulated by 10 GCMs. Climate Dynamics, 19 (5-6): 383-395.

Kidd C, Levizzani V. 2011. Status of satellite precipitation retrievals. Hydrology and Earth System Sciences, 15 (4): 1109-1116.

Kirshbaum D J, Durran D R. 2005a. Atmospheric Factors Governing Banded Orographic Convection. Journal of the Atmospheric Sciences, 62 (10): 3758-3774.

Kirshbaum D J, Durran D R. 2005b. Observations and Modeling of Banded Orographic Convection. Journal of the Atmospheric Sciences, 62 (5): 1463-1479.

Koren V, Reed S, Smith M, et al. 2004. Hydrology laboratory research modeling system (HL-RMS) of the US national weather service. Journal of Hydrology, 291 (3-4): 0-318.

Krizhevsky A, Sutskever I, Hinton G E. 2012. ImageNet classification with deep convolutional neural networks. Communications of the ACM, 60 (6): 84-90.

Kubota T, Shige S, Hashizume H, et al. 2007. Global precipitation map using satellite-borne microwave radiometers by the GSMaP Project: production and validation. IEEE Transactions on Geoscience and Remote Sensing, 45 (7): 2259-2275.

Lecun Y, Bengio Y, Hinton G. 2015. Deep learning. Nature, 521 (7553): 436-444.

Li H, Lei X, Shang Y, et al. 2018. Flash flood early warning research in China. International Journal of Water Resources Development, 34 (3): 369-385.

Li Y, Smith I. 2009. A statistical downscaling model for Southern Australia Winter Rainfall. Journal of Climate, 22 (5): 1142-1158.

Li Z, Yang D, Hong Y, et al. 2014. Characterizing Spatiotemporal Variations of Hourly Rainfall by Gauge and Radar in the Mountainous Three Gorges Region. Journal of Applied Meteorology and Climatology, 53 (4): 873-889.

Liu C, Guo L, Ye L, et al. 2018. A review of advances in China's flash flood early-warning system. Natural Hazards, 92 (2): 619-634.

Liu Z, Yang H, Wang T. 2021. A simple framework for estimating the annual runoff frequency distribution under a non-stationarity condition. Journal of Hydrology, 592: 125550.

Looper J P, Vieux B E. 2012. An assessment of distributed flash flood forecasting accuracy using radar and rain gauge input for a physics-based distributed hydrologic model. Journal of Hydrology, 412 (1): 114-132.

Lu G Y, Wong D W. 2008. An adaptive inverse-distance weighting spatial interpolation technique.

Computers & Geosciences, 34 (9): 1044-1055.

Lundquist J D, Minder J R, Neiman P J, et al. 2010. Relationships between Barrier Jet Heights, Orographic Precipitation Gradients, and Streamflow in the Northern Sierra Nevada. Journal of Hydrometeorology, 11 (5): 1141-1156.

Metropolis N, Rosenbluth A W, Rosenbluth M N, et al. Equation of state calculations by fast computing machines. The journal of chemical physics, 21 (6): 1087-1092.

Mark D M. 1988. Network models in geomorphology. //Hoboken A M. Modelling geomorphological system. New Jersey: Wiley.

Marsigli C, Boccanera F, Montani A, et al. 2005a. The COSMO-LEPS mesoscale ensemble system: validation of the methodology and verification. Nonlinear Processes in Geophysics, 12 (4): 527-536.

Marsigli C, Montani A, Paccagnella T, et al. 2005b. Evaluation of the performance of the COSMOLEPS system. COSMO Techincal Report, 8: 1-41.

Martina M L V, Todini E, Libralon A. 2006. A Bayesian decision approach to rainfall thresholds based flood warning. Hydrology and Earth System Sciences, (10): 413-426.

Martínez-Cob A. 1996. Multivariate geostatistical analysis of evapotranspiration and precipitation in mountainous terrain. Journal of Hydrology, 174 (1): 19-35.

Mass C, Johnson N, Warner M, et al. 2015. Synoptic Control of Cross-Barrier Precipitation Ratios for the Cascade Mountains. Journal of Hydrometeorology, 16 (3): 1014-1028.

Mazzetti C, Todini E. 2003. Combining raingauges and radar measurements: an application to the upper Reno river closed at Casalecchio (Italy). Nice: EGS-AGU-EUG Joint Assembly.

Mendoza P A, Mcphee J, Vargas X. 2012. Uncertainty in flood forecasting: A distributed modeling approach in a sparse data catchment. Water Resources Research, 48 (9): 550-556.

Meng L, Chen Y, Li W, et al. 2009. Fuzzy comprehensive evaluation model for water resources carrying capacity in Tarim River Basin, Xinjiang, China. Chinese Geographical Science, 19 (1): 89-95.

Miao Q, Yang D, Yang H, Li Z. 2016. Establishing a rainfall threshold for flash flood warnings in China's mountainous areas based on a distributed hydrological model. Journal of Hydrology, 541 (541): 371-386

Mishra A K, Coulibaly P. 2009. Developments in hydrometric network design: A review. Reviews of Geophysics, 47 (2): RG2001.

Mogil H M, Monro J C, Groper H S. 1978. NWS's flash flood warning and disaster preparedness programs. Bulletin of the American Meteorological Society, 59 (6): 690-699.

Molteni F, Buizza R, Palmer T N, et al. 1996. The ECMWF Ensemble Prediction System: Methodology and validation. Quarterly Journal of the Royal Meteorological Society, 122 (529): 73-119.

Moore R J, Bell V A. 2001. Comparison of rainfall-runoff models for flood forecasting. Part 1: Literature review of models. London: Environment Agency.

Morris D G. 1975. Use of a multi- zone hydrologic model with distributed rainfall and distributed parameters in national weather service river forecast system. Bulletin of the American Meteorological Society, 56 (12): 1326.

Murphy J. 2015. Predictions of climate change over Europe using statistical and dynamical downscaling techniques. International Journal of Climatology, 20 (5): 489-501.

Nasta P, Sica B, Chirico G B, et al. 2013. Analysis of Near- surface Soil Moisture Spatial and Temporal Dynamics in an Experimental Catchment in Southern Italy. Procedia Environmental Sciences, 19: 188-197.

New M, Hulme M, Jones P. 2000. Representing twentieth- century space- time climate variability. Part II: Development of 1901- 96 monthly grids of terrestrial surface climate. Journal of Climate, 12 (12): 829-856.

Newman A J, Clark M P, Craig J, et al. 2015. Gridded Ensemble Precipitation and Temperature Estimates for the Contiguous United States. Journal of Hydrometeorology, 16 (6): 2481-2500.

Nijssen B, Lettenmaier D P. 2004. Effect of precipitation sampling error on simulated hydrological fluxes and states: Anticipating the Global Precipitation Measurement satellites. Journal of Geophysical Research Atmospheres, 109 (D2): 1-15.

Nikolopoulos E I, Anagnostou E N, Borga M. 2012. Using High-Resolution Satellite Rainfall Products to Simulate a Major Flash Flood Event in Northern Italy. Journal of Hydrometeorology, 14 (1): 171-185.

Niu G Y, Yang Z L, Dickinson R E, et al. 2007. Development of a simple groundwater model for use in climate models and evaluation with Gravity Recovery and Climate Experiment data. Journal of Geophysical Research Atmospheres, 112 (D7): 1-14.

Norbiato D, Borga M, Dinale R. 2009. Flash flood warning in ungauged basins by use of the flash flood guidance and model-based runoff thresholds. Meteorological Applications, 16 (1): 65-75.

Norton C W, Chu P S, Schroeder T A. 2011. Projecting changes in future heavy rainfall events for Oahu, Hawaii: A statistical downscaling approach. Journal of Geophysical Research Atmospheres, 116 (17): 1-9.

Ntelekos A A, Georgakakos K P, Krajewski W F. 2006. On the uncertainties of flash flood guidance: Toward probabilistic forecasting of flash floods. Journal of Hydrometeorology, 7 (5): 896-915.

NWSRFS (National Weather Service River Forecast System). 2004. User Manual, Continuous Incremental API Operation. Developed in Office of Hydrologic Development (OHD). http://www.nws.noaa.gov/oh/hrl/nwsrfs/users_manual/part5/_pdf/533apicont.pdf, accessed March 2012. [2012-3-1].

O'Callaghan J F, Mark D M. 1984. The extraction of drainage networks from digital elevation data. Computer Vision Graphics & Image Processing, 28 (3): 323-344.

Pan B, Cong Z. 2016. Information analysis of catchment hydrologic patterns across temporal scales. Advances in Meteorology, (6): 1-11.

Pan B, Hsu K, Aghakouchak A, et al. 2019. Improving Precipitation Estimation Using Convolutional

Neural Network. Water Resources Research, 55, 2301-2321.

Panofsky H A, Brier G W. 1968. Some applications of statistics to meteorology. University Park: Pennsylvania State College.

Papa M N, Medina V, Ciervo F, et al. 2013. Derivation of critical rainfall thresholds for shallow landslides as a tool for debris flow early warning systems. Hydrology and Earth System Sciences, 17 (10): 4095-4107.

Pedregosa F, Varoquaux G, Gramfort A, et al. 2011. Scikit- learn: Machine learning in Python. Journal of machine learning research, 12 (10): 2825-2830.

Penman H L. 1948. Natural evaporation from open water, bare soil and grass. Proceedings of the Royal Society of London. Series A: Mathematical and physical sciences, 193 (1032): 120-145.

Prasanna V, Subere J, Das D K, et al. 2014. Development of daily gridded rainfall dataset over the Ganga, Brahmaputra and Meghna river basins. Meteorological Applications, 21 (2): 279-293.

Prudhomme C, Reynard N, Crooks S. 2002. Downscaling of Global Climate Models for Flood Frequency Analysis: Where Are We Now. Hydrological Processes, 16 (6): 1137-1150.

Qin C, Zhu A X, Pei T, et al. 2007. An adaptive approach to selecting a flow-partition exponent for a multiple- flow- direction algorithm. International Journal of Geographical Information Science, 21 (4): 443-458.

Ran Y, Xin L, Rui J, et al. 2017. Strengths and weaknesses of temporal stability analysis for monitoring and estimating grid- mean soil moisture in a high- intensity irrigated agricultural landscape. Water Resources Research, 53: 1-19.

Reed S, Schaake J, Zhang Z. 2007. A distributed hydrologic model and threshold frequency- based method for flash flood forecasting at ungauged locations. Journal of Hydrology, 337 (3- 4): 402-420.

Refsgaard J C, Knudse J. 1996. Operational validation and intercomparison of different types of hydrological models. Water Resources Research, 32 (7): 2189-2202.

Refsgaard J C, Storm B, She M. 1995. Computer Models of Watershed Hydrology. Colorado: Water Resource Publications.

RFC Development Management Team. 2003. Flash Flood Guidance Improvement Team—Final report. River Forecast Center Development Management Team Report to the Operations Subcommittee of the NWS Corporate Board, 47: 1-47

Rowe W D. 1994. Understanding uncertainty. Risk analysis, 14 (5): 743-750.

Sanberg J A M, Oerlemans J. 1983. Modeling of Pleistocene European ice sheets: The effect of up-slopeprecipitation. Geologie en Mijnbouw, 62: 267-273.

Schaefer J T. 1990. The critical success index as an indicator of warning skill. Weather and forecasting, 5 (4): 570-575.

Schmidt J A, Anderson A J, Paul J H. 2007. Spatially- variable, physically- derived flash flood guidance. //San Antonio: Preprints, 21st Conference on Hydrology, American Meteorological Society.

Schoof J T, Pryor S C. 2001. Downscaling temperature and precipitation: a comparison of regression-based methods and artificial neural networks. International Journal of Climatology, 21 (7): 773-790.

Soil Conservation Service. 1957. Use of storm and watershed characteristics in synthetic hydrograph analysis and application. Washington DC: US Department of Agriculture, Soil Conservation Service.

Sehad M, Lazri M, Ameur S. 2016. Novel SVM-based technique to improve rainfall estimation over the Mediterranean region (north of Algeria) using the multispectral MSG SEVIRI imagery. Advances in Space Research, 59 (5): 1381-1394.

Seo D J, Breidenbach J P. 2002. Real-Time Correction of Spatially Nonuniform Bias in Radar Rainfall Data Using Rain Gauge Measurements. Journal of Hydrometeorology, 3 (3): 93-111.

Sharifi E, Steinacker R, Saghafian B. 2016. Assessment of GPM- IMERG and other precipitation products against gauge data under different topographic and climatic conditions in Iran: preliminary results. Remote Sensing, 8 (2): 1-24.

Shen Y, Xiong A. 2016. Validation and comparison of a new gauge-based precipitation analysis over mainland China. International Journal of Climatology, 36 (1): 252-265.

Shi X, Chen Z, Wang H, et al. 2015. Convolutional LSTM Network: a machine learning approach for precipitation nowcasting. Proceedings of the 28th International Conference on Neural Information Processing Systems, 1: 802-810.

Sinclair S, Pegram G. 2005. Combining radar and rain gauge rainfall estimates using conditional merging. Atmospheric Science Letters, (6): 19-22.

Smith J A, Krajewski W F. 1991. Estimation of the Mean Field Bias of Radar Rainfall Estimates. Journal of Applied Meteorology, 30 (4): 397-412.

Smith R B, Evans J P. 2007. Orographic Precipitation and Water Vapor Fractionation over the Southern Andes. Journal of Hydrometeorology, 8 (1): 3-19.

Smith, G. 2003. Flash flood potential: Determining the hydrologic response of FFMP basins to heavy rain by analyzing their physiographic characteristics. Report to the NWS Colorado Basin River Forecast Center, 11: 1-11.

Smola A J. 1996. Regression Estimation with Support Vector Learning Machines. Munich: Technische Universitat Munchen.

Snyder F F. 1938. Synthetic unit- graphs. Eos Transactions American Geophysical Union, 19 (1): 447-454.

Sorooshian S, Hsu K L, Gao X, et al. 2000. Evaluation of PERSIANN system satellite- based estimates of tropical rainfall. Bulletin of the American Meteorological Society, 2000, 81 (9): 2035-2046.

Springer US. 2011. Community Land Model (CLM). New York: Springer.

Stisen S, Sandholt I. 2010. Evaluation of remote- sensing- based rainfall products through predictive capability in hydrological runoff modelling. Hydrological Processes, 24 (7): 879-891.

Sugawara M. 1979. Automatic calibration of the tank model / L'étalonnage automatique d'un modèle à cisterne. Hydrological Sciences Bulletin des Sciences Hydrologiques, 24 (3): 375-388.

Sugimoto K, Saito K, Kojima K, et al. 2011. Spatiotemporal analyses of soil moisture from point to footprint scale in two different hydroclimatic regions. Water Resources Research, 47 (1): 99-112.

Sun Q, Miao C, Duan Q, et al. 2018. A Review of Global Precipitation Data Sets: Data Sources, Estimation, and Intercomparisons. Reviews of Geophysics, 56 (1): 79-107.

Tang G, Ma Y, Long D, et al. 2016. Evaluation of GPM Day-1 IMERG and TMPA Version-7 legacy products over Mainland China at multiple spatiotemporal scales. Journal of Hydrology, 533: 152-167.

Tang G, Zeng Z, Long D I, et al. 2016. Statistical and Hydrological Comparisons between TRMM and GPM Level-3 Products over a Mid-latitude Basin: Is Day-1 IMERG a Good Successor for TMPA 3B42V7. Journal of Hydrometeorology, 17 (1): 121-137.

Tannert C, Elvers H D, Jandrig B. 2007. The ethics of uncertainty: In the light of possible dangers, research becomes a moral duty. EMBO reports, 8 (10): 892-896.

Thielen J, Bartholmes J, Ramos M H, et al. 2009. The European Flood Alert System-Part 1: concept and development. Hydrology and Earth System Sciences Discussions, 5 (1): 257-287.

Tolson B A, Shoemaker C A. 2008. Efficient prediction uncertainty approximation in the calibration of environmental simulation models. Water Resources Research, 44 (4): 1-14.

Toth Z, Kalnay E. 1997. Ensemble Forecasting at NCEP and the Breeding Method. Monthly Weather Review, 125 (12): 3297-3319.

Tripathi S, Srinivas V V, Nanjundiah R S. 2006. Downscaling of precipitation for climate change scenarios: A support vector machine approach. Journal of Hydrology, 330 (3-4): 610-640.

Turk F J, Miller S D. 2005. Toward improved characterization of remotely sensed precipitation regimes with MODIS / AMSR-E blended data techniques. IEEE Transactions on Geoscience & Remote Sensing, 43 (5): 1059-1069.

Van Steenbergen N, Willems P. 2013. Increasing river flood preparedness by real-time warning based on wetness state conditions. Journal of Hydrology, 489: 227-237.

Vandal T, Kodra E, Ganguly S, et al. 2017. Deepsd: Generating high resolution climate change projections through single image super-resolution. Proceedings of the 23rd ACM SIGKDD International Conference on Knowledge Discovery and Data Mining, 2017: 1663-1672.

Vapnik V. 1995. The nature of statistical learning theory. Heidelberg: Springer.

Vicens G J, Rodriguez-Iturbe I, Schaake Jr J C. 1975. A Bayesian framework for the use of regional information in hydrology. Water Resources Research, 11 (3): 405-414.

Vieux B E, Park J H, Kang B. 2009. Distributed Hydrologic Prediction: Sensitivity to Accuracy of Initial Soil Moisture Conditions and Radar Rainfall Input. Journal of Hydrologic Engineering, 14 (7): 671-689.

Vitart F, Ardilouze C, Bonet A, et al. 2017. The subseasonal to seasonal (S2S) prediction project database. Bulletin of the American Meteorological Society, 98 (1): 163-173.

Vrugt J A, Diks C G H, Gupta H V, et al. 2005. Improved treatment of uncertainty in hydrologic modeling: Combining the strengths of global optimization and data assimilation. Water Resources Research, 41 (1): 1-17.

Wang B, Kang I S, Lee J Y. 2004. Ensemble simulation of Asian-Australian monsoon variability by 11 AGCMs. Journal of Climate, 17: 699-710.

Xie P, Arkin P A. 1997. Global Precipitation: A 17- Year Monthly Analysis Based on Gauge Observations, Satellite Estimates, and Numerical Model Outputs. American Meteorological Society, 78 (11): 2539-2558.

Xu C. 1999. From GCMs to river flow: A review of downscaling methods and hydrologic modelling approaches. Progress in Physical Geography, 23 (2): 229-249.

Yang D W, Gao B, Jiao Y, et al. 2015. A distributed scheme developed for eco- hydrological modeling in the upper Heihe River. Science China Earth Sciences, 58 (1): 36-45.

Yang D W. 1998. Distributed hydrological model using hillslope discretization based on catchment area function: development and applications. Tokyo: University of Tokyo.

Yang D, Herath S, Musiake K. 1998. Development of a geomorphology- based hydrological model for large catchments. Proceedings of Hydraulic Engineering, 42: 169-174.

Yang D, Herath S, Musiake K. 2002. Hillslope- based hydrological model using catchment area and width functions. Hydrological Sciences Journal/Journal des Sciences Hydrologiques, 47 (1): 49-65.

Yang D, Koike T, Tanizawa H. 2004. Application of a distributed hydrological model and weather radar observations for flood management in the upper Tone River of Japan. Hydrological Processes, 18 (16): 3119-3132.

Yatheendradas S, Wagener T, Gupta H, et al. 2008. Understanding uncertainty in distributed flash flood forecasting for semiarid regions. Water Resources Research, 44 (5): 1-17.

Young C B, Nelson B R, Bradley A A, et al. 2004. An evaluation of NEXRAD precipitation estimates in complex terrain. Journal of Geophysical Research Atmospheres, 104: 19691-19703.

Zehe E, Blöschl G. 2004. Predictability of hydrologic response at the plot and catchment scales: Role of initial conditions. Water Resources Research, 2004, 40: W10202.

Zeng Z, Tang G, Yang H, et al. 2017. Development of an NRCS curve number global dataset using the latest geospatial remote sensing data for worldwide hydrologic applications. Remote Sensing Letters, 8 (6): 528-536.

Zhang J, Howard K, Langston C, et al. 2011. National Mosaic and Multi- Sensor QPE (NMQ) system: Description, results, and future plans. Bulletin of the American Meteorological Society, 2011, 92 (10): 1321-1338.